中等职业教育计算机专业教材

计算机网络技术

JISUANJI WANGLUO JISHU

主编　扈诗全　周本飞

U0325762

郑州大学出版社

郑州

图书在版编目(CIP)数据

计算机网络技术 / 扈诗全,周本飞主编. —郑州:
郑州大学出版社,2017.8
ISBN 978 - 7 - 5645 - 4791 - 2

Ⅰ. ①计… Ⅱ. ①扈… ②周… Ⅲ. ①计算机网络 - 教材 Ⅳ. ①TP393

中国版本图书馆 CIP 数据核字(2017)第 224711 号

郑州大学出版社出版发行
郑州市大学路 40 号   邮政编码:450052
出版人:张功员   发行电话:0371 - 66966070
全国新华书店经销
虎彩印艺股份有限公司印制
开本:787 mm ×1 092 mm   1/16
印张:7.75
字数:186 千字
版次:2017 年 8 月第 1 版   印次:2017 年 8 月第 1 次印刷

书号:ISBN 978 - 7 - 5645 - 4791 - 2   定价:38.00 元
本书如有印装质量问题,请向本社调换

本书编委会

主 编　扈诗全　周本飞

参编人员　扈诗全　周本飞　何耀琼　黄良荣　黄平川　黄万能　谢春燕　许春洪
　　　　　何　亚　梁江山　王春阳　江　华　张　燕　李本蛟　邓云霓　罗　露

前言

　　自从我校计算机应用专业被确定为市级重点(特色)专业建设项目以来,按照专业建设任务书的要求,学校计算机教研组就开始进行校本教材的研究和开发。为了保证校教材的编写质量,学校成立了由校长、副校长组成的领导小组,成立了编辑委员会。领导小组主要负责教材开发和实施的领导工作,并明确责任到编写小组。编写小组则采取分工合作的方式,制订出详细的教材编写方案,并做好需求分析和资源分析、参考教材的选定及校本教材的编写等工作。

　　这本校本教材是采用项目任务驱动法进行教材编写的,主要两个项目,其中项目一组建小型网络包括十个任务,项目二维护小型网络包括八个任务。本教材具有技能引领、项目教学、任务驱动、模块化设计、图文并茂、难易适中、面向对象广等特点。

　　在编写过程中,得到了重庆3158信息技术有限公司、平伟实业(梁平)有限公司、梁平金艳广告公司、梁平县希望电脑公司等企业的大力支持,编者在此一并表示衷心的感谢。

　　由于编者水平有限,书中难免有不足之处,敬请广大读者提出宝贵意见。在具体教学实践中,我们会不断完善和修改,并期待领导、专家及同行提出批评,更希望本校教师积极使用并提出宝贵意见,使本套教材更加充实和完善,更加体现我校的特色。

编者

2017 年 6 月

目 录

项目一　组建小型网络

项目综述

该项目是进行中小型企业网组建和管理以及企业网站组建和维护的基础和前提,项目内容涉及到网络基础知识、网络综合布线、局域网互联设备、网络互联技术、局域网接入技术等。通过该项目的学习,学生对计算机网络会有一个清晰的概念,能使交换机、双绞线、计算机等设备组建小型局域网,并能将局域网接入 Internet。

该项目的具体实施包括 10 个典型工作任务:

(1)项目需求分析;

(2)认识计算机网络;

(3)识别网络体系结构;

(4)局域网技术分析;

(5)广域网技术分析;

(6)项目方案设计;

(7)网络布线系统实施;

(8)计算机网络互联;

(9)网络接入 Internet;

(10)项目测试和总结。

本项目的实施应实现以下教学目标:

(1)知识目标:掌握计算机网络基础、综合布线、局域网互联以及 Internet 接入相关知识。

(2)技能目标:能熟练地组建一个小型局域网。

(3)态度目标:培养学生"用户需求"至上的意识,训练学生和客户交流的基本素养;培养增强学生的心理承受能力、吃苦耐劳精神和团队合作意识;培养学生客观总结项目的基本素养。

任务一　项目需求分析

一、用户需求

小型办公和家居网络(SOHO)是我们日常生活中最常见的网络组织形式,出现在家庭、办公室、网吧等工作环境中。通过构建完好的小型网络环境,可以实现网络内部的设备之间的相互通信,共享网络内部资源;同时可以接入 Internet ,从而提高工作的效率,为我们的生活和工作带来方便。

希望网络公司早期是只有 10 台 PC 的小公司,公司网络建设初期使用集线器来互连网络。在设备很少、应用不多的情况下,公司网络基本上能满足日常需求。

随着公司经营不断发展,网络规模的扩大,网络设备的增多,公司网络速度越来越慢,过慢的网络影响了公司日常的办公需求。这些问题促使公司决定改造网络,扩展网络的规模,提高网络的速度,并优化和配置网络,使其具有管理的功能,保证网络的安全。

二、需求分析

需求一:现有网络的速度太慢,网络故障和堵塞现象严重,需要重新改造网络。

分析一:因此改造网络的核心在于更换网络的互联设备,使用交换机来重构网络。

需求二:加强网络的优化和配置功能,以便有效管理网络并保证全网设备和资源的安全。

分析二:使用可以网管的交换机。

需求三:网内有需要 24 小时提供服务的资源,以方便公司职员的使用。

分析三:增加服务器,提供相应的服务。

需求四:公司职员需要查阅互联网资料和收发 E－mail 等。

分析四:将局域网通过 ADSL 等方式接入互联网。

三、方案设计

通过需求分析,初步确定设计方案,如图 1.1－1 所示。

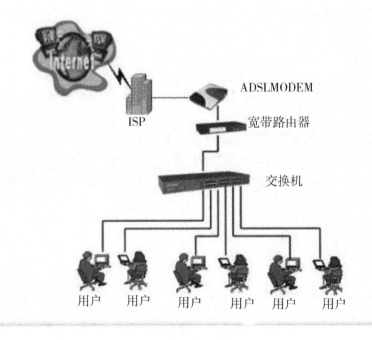

图 1.1－1 初步设计方案

课程回顾：

本节课主要内容：

（1）了解本项目的学习目标。

（2）通过互联网了解网络的应用情况。

（3）通过互联网了解集线器、交换机、路由器、ADSL 等概念。

课外学习任务：

（1）了解自家、同学家或教师家家庭网络情况，并能画出网络示意图。

（2）了解本系或本学院的网络情况，并能画出网络示意图。

（3）上网查询一些中小型网络设计拓扑图，并记录不理解的部分，下次课和同学或教师讨论。

任务二　计算机网络概述

一、任务描述

1. 知识型工作任务

（1）掌握计算机网络的定义与分类；

（2）理解计算机网络的组成和逻辑划分；

（3）理解计算机网络的拓扑结构；

（4）了解计算机网络的形成与发展；

（5）了解计算机网络的功能与应用。

2. 技能目标

（1）能进行网络逻辑划分；

（2）识别网络的拓扑结构。

3. 教学组织形式

（1）角色化分：学生角色，网络公司职员或网络管理人员；教师角色：资深网络管理人员。

（2）教学过程：在网络工程实训室或网络公司或某小型企业进行教学，学生扮演网络公司职员或网络管理人员，教师扮演资深网络管理人员针对网络基础进行认知训练。

二、任务实施

1. 计算机网络的定义

计算机网络就是利用通信线路，将分散在各地的具有独立功能的计算机相互连接使其按照网络协议互相通信，实现资源共享的系统的集合。因此，计算机网络应具备以下三方面的要素：

（1）通信线路；

（2）独立功能的计算机；

（3）网络协议。

2. 计算机网络的产生与发展

计算机网络最早出现于 20 世纪 50 年代,最早的计算机网络是通过通信线路将远方终端资料传送给主计算机处理,形成一种简单的联机系统。随着计算机技术和通信技术的不断发展,计算机网络也经历了从简单到复杂,从单机到多机的发展过程,其演变过程大致可分为以下几个阶段。

第一代网络是以单计算机为中心的联机系统。这种系统除了中心计算机,其余的终端不具备自主处理的功能,中心计算机既要承担数据处理,又要承担与各终端之间的通信工作(图 1.2-1)。随着所连远程终端个数的增多,主机负担必然加重,致使工作效率降低。后来出现了数据处理和通信的分工,即在中心计算机前设置一台前端处理机来负责数据的收发等通信控制和通信处理工作,而让中心计算机专门进行数据处理(图 1.2-2)。另外,分散的远程终端都要单独占用一条通信线路,线路利用率低且费用高,因此采取了一些改进措施来提高通信线路的利用率。如采用多点通信线路,在一条通信线上串接多个终端,使多个终端共享一条线路与主机进行通信;在终端相对集中的地区,用终端集中器与各个终端以低速线路连接,收集终端的数据,再用高速线路传送给主机。

第二代计算机网络实现了多计算机的互连。从 20 世纪 60 年代中期到 70 年代中期,随着计算机技术和通信技术的进步,将多个单计算机相连接起来,形成了计算机—计算机的网络,实现了广域范围内的资源共享。这种网络中,各个计算机系统是独立的,彼此借助于通信设备和通信线路连接来交换信息,通信方式已由终端和计算机间的通信发展到计算机和计算机之间的通信,用户服务的模式也由单台中心计算机的服务模式被互连在一起的多台主计算机共同完成的模式所替代。第二代计算机网络的典型代表是 1969 年美国国防部高级研究计划局建成的 ARPANET。该网络开始只有 4 个结点,以电话线为主干网络,1973 年发展到 40 个结点,1983 年已经达到 100 多个结点。ARPANET 地域范围跨越了美洲大陆,连通了美国东西部的许多大学和研究机构,通过卫星通信线路与夏威夷和欧洲等地区的计算机网络相互连通。ARPANET 首次提出了资源子网、通信子网的两级网络结构的概念,采用了层次结构的网络体系结构模型与协议体系,是计算机网络发展的一个重要的里程碑。ARPANET 是 Internet 的前身。

在第二代网络阶段,为了促进网络产品的开发,各大计算机公司纷纷制定了自己的网络体系结构标准以及实现这些网络体系结构的软硬件产品。用户只要购买计算机公司提供的网络产品,借助通信线路,就可组建自己的计算机网络。其中典型的包括 IMB (System 公司的 SNA Network Architecture)和 1975 年 DEC 公司提出的 DNA 等这些网络体系结构只在一个公司范围内有效,若在一个网络中使用不同公司的产品或者把异种网连接起来,将是非常困难的。网络公司各自为政的状况使用户无所适从,也不利于网络的自身发展和应用。

第三代网络是体系结构标准化网络。经过前期的发展,人们对网络的技术、方法和理论的研究日趋成熟,各大计算机公司制定了自己的网络技术标准,并最终促成了国际标准的制定,遵循网络体系结构标准建成的网络称为第三代网络。1977 年国际标准化组织 ISO 的计算机与信息处理标准化技术委员会 TC97 成立了一个分委员会 SC16,研究网络体系结构与网络协议的标准化问题。经过多年卓有成效的工作,1983 年 ISO 正式制定、颁布了"开放系统互连基本参考模型"的国际标准 ISO 7498。标准化使得它对不同的计算机系统都是开放的,能方便地互连异种机和异种网络。该模型分 7 层,有时也称 OSI (Open System Interconnect)七层模型。OSI 模型目前已被国际社会所普遍接受,成为研究和制定新一代计算机网络标准的基础。

电器与电子工程师学会 IEEE 于 1980 年 2 月公布了 IEEE 802 标准来规范局域网的体系机构,作为局域网的国际标准。20 世纪 80 年代,微型计算机迅速发展,这种廉价的适合办公室和家庭使用的新机种对计算机的普及起到了极大的促进作用,在一个单位内部微型计算机互连不再采用以往的远程计算机网络,因而计算机局域网技术也得到了相应发展。

图 1.2－1　第一代网络结构示意图

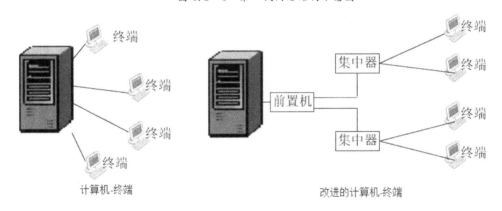

图 1.2－2　具有通信功能的多机系统

第四代计算机网络是互联网络和高速网络,其特点是:互联、高速和智能化。局域网的发展也导致计算模式的变革。早期的计算机网络是以主计算机为中心的,计算机网络控制和管理功能都是集中式的,也称为集中式计算机模式。随着个人计算机(PC)功能的增强,用户一个人就可在微机上完成所需要的作业,PC 方式呈现出的计算机能力已发展成为独立的平台,这就导致了一种新的计算结构——分布式计算模式的诞生。

随着经济全球化发展,人们的活动空间要求的范围越来越大,一个计算机网络所覆盖的范围已经不能满足人们的需求,计算机网络互联问题提出了。世界上网络互联数目最多、规模最大的互联网络,就是因特网(Internet)。实际上因特网就是在 ARPA 网的基础上发展起来的。

3. 计算机网络分类

可以从不同角度对计算机网络进行分类。

（1）基于作用范围分类。从作用范围角度来分类，网络可以分成局域网、广域网和城域网。

1）局域网（LAN，Local Area Network）。局域网的分布范围一般在几米到几公里，它是在有限的地域范围内构成的计算机网络，是一个部门或单位组建和使用的网络。局域网是把分散在一定范围内的计算机、终端、带大容量存储器的外围设备、控制器、显示器以及用于连接其他网络而使用的网间连接器等相互连接起来，进行高速数据通信的一种网络。这样在计算机之间可以进行信息交流、共享数据资源和某些昂贵的硬件（如高速打印机等）资源并可实现分布处理，同时又能互相通信。由于地域范围小，一般不需租用电话线路而直接建立专用通信线路，因此数据传输速率高于广域网。LAN 是在小型计算机和微型计算机大量推广使用之后才逐渐发展起来的计算机网络，具有组建方便、灵活、投资少等特点，也是目前计算机网络技术中发展最快、应用最广泛的一个分支。校园、办公楼、网络教室中连接在一起的计算机网络都是这种网络。目前局域网在企业办公自动化、企业管理、工业自动化、计算机辅助教学等方面得到广泛的使用。

2）广域网（WAN，Wide Area Network）。广域网又称远程网。它的分布范围从几十公里到几千公里，往往跨越一个地区、一个国家或洲，可将一个集团公司、团体或一个行业的各个部门和子公司连接起来。在通信子网中，主要使用分组交换技术，利用通信部门提供的公用分组交换网、卫星通信信道和无线分组交换网等，将分布在不同地域的大型主机系统或局域网连接起来，达到资源共享的目的。广域网一般容纳多个网络并能和电信部门的公用网络互连，实现了局域资源共享与广域资源共享相结合，形成了地域广大的远程处理和局域处理相结合的网际网系统。世界上第一个广域网是 ARPANET 即美国国防部高级研究计划局网，它利用电话交换网互联分布在美国各地的不同型号的计算机和网络。它是现今世界上最大的广域计算机网络 Internet 的前身。局域网要接入广域网需要路由器（Router）提供转接服务，路由器可以识别各种网络协议，确保网络上的用户主机可以相互通信。

3）城域网（MAN，MetropolitanAreaNetwork）。城域网有时又称之为城市网、区域网、都市网。城域网的作用范围介于局域网与广域网之间，其运行方式与 LAN 相似。由于局域网的广泛使用，为扩大局域网的使用范围，或者将已经使用的局域网互相连接起来，使其成为一个规模较大的城市范围内的网络，成为网络发展的一个方向。城域网设计的目的是为了满足几十公里范内各个单位的计算机连网需求，能实现大量用户、多种信息的高速传输。但是因各种原因，城域网的特有技术没能在世界各国迅速地推广。

（2）基于应用范围分类。按使用范围分类，计算机网络可以分为公用网和专用网。

1）公用网，由电信部门组建，一般由政府电信部门管理和控制，可以为公众提供服务。

2）专用网，由各单位或公司组建，它只为拥有者提供服务，不允许非拥有者使用。

（3）基于通讯介质分类

1）有线网，采用同轴电缆、双绞线、光纤等物理介质来传输数据的网络。

2）无线网，采用卫星、微波等无线形式来传输数据的网络。

（3）基于网络控制方式分类。

1）集中式计算机网络。这种网络处理的控制功能高度集中在一个或少数几个结点上,所有的信息流都必须经过这些结点其中之一。因此,这些结点是网络处理的控制中心,而其余的大多数结点则只有较少的处理控制功能。部分星型网络和树型网络是典型的集中式网络。

集中式网络的主要优点是实现简单,其网络操作系统很容易从传统的分时操作系统经适当的扩充和改造而成。但它们都存在着一系列缺点,如实时性差、可靠性低、缺乏较好的可扩充性和灵活性。

2)分布式计算机网络。在这种网络中,不存在一个通信处理的控制中心,网络中的任一结点都可以和另外的结点建立自主连接,信息从一个结点到达另一结点时,可能有多条路径。同时,网络中的各个结点均以平等地位相互协调工作和交换信息并可共同完成一个大型任务。分组交换、网状型网络都属于分布式网络,这种网络具有信息处理的分布性、高可靠性、可扩充性及灵活性等一系列优点,因此,它是网络的发展方向。

目前的大多数广域网中的主干网,便是做成分布式的控制方式,并采用较高的通信速率,以提高网络性能;而对大量非主干网,为了降低建网成本,则仍采取集中控制方式及较低的通信速率。

4)基于拓扑结构分类。

计算机网络拓扑结构是指计算机网络硬件系统的连接形式。主要的网络拓扑结构有点到点连接、总线、星状、环状、网状。

4. 计算机网络的拓扑结构

计算机网络的拓扑结构是引用拓扑学中的研究与大小、形状无关的点、线特性的方法,把网络单元定义为节点,两节点间的线路定义为链路,则网络节点和链路的几何位置就是网络的拓扑结构。网络的拓扑结构主要有总线型、环型、星型和网状结构。

(1)总线拓扑结构

总线拓扑结构是将网络中的所有设备都通过一根公共总线连接,通信时信息沿总线进行广播式传送,如图 1.2-3 所示。

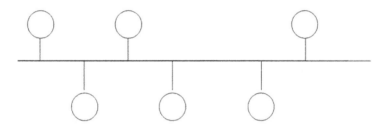

图 1.2-3 总线拓扑结构

(2)环型拓扑结构

环型拓扑结构中,所有设备被连接成环,信息传送是沿着环广播式的,如图 1.2-4 所示。在环型拓扑结构中每一台设备只能和相邻节点直接通信。与其他节点的通信时,信息必须依次经过二者间的每一个节点。

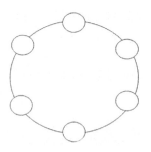

图 1.2－4　环形拓扑结构

　环型拓扑结构传输路径固定,无路径选择问题,故实现简单。但任何节点的故障都会导致全网瘫痪,可靠性较差。网络的管理比较复杂,投资费用较高。当环型拓扑结构需要调整时,如节点的增、删、改,一般需要将整个网重新配置,扩展性、灵活性差,维护困难。

　　(3)星型拓扑结构

　　星型拓扑结构是由一个中央节点和若干从节点组成,如图 1.2－5 所示。中央节点可以与从节点直接通信,而从节点之间的通信必须经过中央节点的转发。

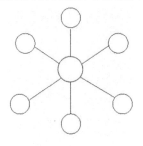

1.2－5　星型拓扑结构

　　　星型拓扑结构简单,建网容易,传输速率高。每节点独占一条传输线路,消除了数据传送堵塞现象。一台计算机及其接口的故障不会影响到网络,扩展性好,配置灵活,增删改一个站点容易实现,网络易管理和维护。网络可靠性依赖于中央节点,中央节点一旦出现故障将导致全网瘫痪。

　　(4)网状拓扑结构

　　网状拓扑结构分为一般网状拓扑结构和全连接网状拓扑结构两种。全连接网状拓扑结构中的每个节点都与其他所有节点有链路相连通。一般网状拓扑结构中每个节点至少与其他两个节点直接相连。图 1.2－6 中的(a)为一般网状拓扑结构,(b)为全连接网状拓扑结构。

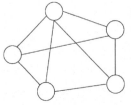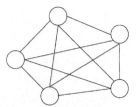

(a)一般网状拓扑状结构　　　　　　　(b)全连接网状拓扑结构

图 1.2－6　网状拓扑结构

5. 计算机网络的组成

计算机网络是由负责传输数据的网络传输介质和网络设备、使用网络的计算机终端设备和服务器以及网络操作系统所组成(图 1.2-7)。

（1）网络传输介质

有四种主要的网络传输介质：双绞线电缆、光纤、微波和同轴电缆。

在局域网中的主要传输介质是双绞线，这是一种不同于电话线的 8 芯电缆，具有传输 1000 Mbps 的能力。光纤在局域网中多承担干线部分的数据传输。使用微波的无线局域网由于其灵活性而逐渐普及。早期的局域网中使用网络同轴电缆，从 1995 年开始，网络同轴电缆被逐渐淘汰，已经不在局域网中使用了。由于 Cable Modem 的使用，电视同轴电缆还在充当 Internet 连接的其中一种传输介质。

图 1.2-7　计算机网络的组成

（2）网络交换设备

网络交换设备是把计算机连接在一起的基本网络设备。计算机之间的数据报通过交换机转发。因此，计算机要连接到局域网络中，必须首先连接到交换机上。不同种类的网络使用不同的交换机。常见的有：以太网交换机、ATM 交换机、帧中继网的帧中继交换机、令牌网交换机、FDDI 交换机等。

可以使用称为 Hub 的网络集线器替代交换机。Hub 的价格低廉，但会消耗大量的网络带宽资源。由于局域网交换机的价格已经下降到低于 PC 计算机的价格，所以正式的网络已经不再使用 Hub。

（3）网络互联设备

网络互联设备主要是指路由器。路由器是连接网络的必须设备，在网络之间转发数据报。

路由器不仅提供同类网络之间的互相连接，还提供不同网络之间的通讯。比如：局域网与广域网的连接，以太网与帧中继网络的连接，等等。

在广域网与局域网的连接中，调制解调器也是一个重要的设备。调制解调器用于将数字信号调制成频率带宽更窄的信号，以便适于广域网的频率带宽，最常见的是使用电话网络或有线电视网络接入互联网。

中继器是一个延长网络电缆和光缆的设备，对衰减了的信号起再生作用。

网桥是一个被淘汰了的网络产品，原来用来改善网络带宽拥挤。交换机设备同时完成了网桥需要完成的功能,交换机的普及使用是终结网桥使命的直接原因。

(4)网络终端与服务器

网络终端也称网络工作站,是使用网络的计算机、网络打印机等,而在客户/服务器网络中,客户机指网络终端。

网络服务器是被网络终端访问的计算机系统,通常是一台高性能的计算机,例如大型机、小型机、UNIX 工作站和服务器 PC 机,安装上服务器软件后构成网络服务器,被分别称为大型机服务器、小型机服务器、UNIX 工作站服务器和 PC 机服务器。

网络服务器是计算机网络的核心设备,网络中可共享的资源,如数据库、大容量磁盘、外部设备和多媒体节目等,通过服务器提供给网络终端。服务器按照可提供的服务可分为文件服务器、数据库服务器、打印服务器、Web 服务器、电子邮件服务器、代理服务器等。

(5)网络操作系统

网络操作系统是安装在网络终端和服务器上的软件。网络操作系统完成数据发送和接收所需要的数据分组、报文封装、建立连接、流量控制、出错重发等工作。现代的网络操作系统都是随计算机操作系统一同开发的,网络操作系统是现代计算机操作系统的一个重要组成部分。

三、任务扩展

1. 课内学习任务

(1)了解自家、同学家或教师家家庭网络情况,并能画出网络示意图。

(2)了解本系或本学院的网络情况,并能画出网络示意图。

2. 课外学习任务

(1)上网查询一些中小型网络设计拓扑图,并记录不理解的部分,下次课程一起讨论。

(2)了解计算机网络体系结构和工作原理。

(3)了解用户通过邮政系统和物流系统收发邮件的工作过程。

任务三　计算机网络体系结构

一、任务描述

1. 知识型工作任务

(1)理解网络分层的作用和计算机网络体系结构的概念;

(2)理解服务、接口和协议的概念;

(3)掌握 OSI/RM 的层次结构和各层的 PDU;

(4)掌握 TCP/IP 的层次结构;

(5)了解 OSI/RM 和 TCP/IP 模型的区别。

2. 技能型工作任务

(1)能理解网络分层的作用和计算机网络体系结构的概念的能力,能理解服务、接口和协议的概念；

    （2）能区分 OSI/RM 的层次；

    （3）能区分 TCP/IP 的层次。

3. 教学组织形式

（1）学生角色：网络公司职员或网络管理人员。

（2）教学过程：在网络工程实训室或网络公司或某小型企业进行教学，学生扮演网络公司职员或网络管理人员，教师扮演资深网络管理人员针对网络体系结构进行认知训练。

二、任务实施

1. 计算机网络体系结构

计算机网络是一个复杂的计算机及通信系统的集合，在其发展过程中逐步形成了一些公认的、通用的建立网络体系的模式，可将其视为建立网络体系通用的蓝图，称为网络体系结构（Network Architecture），用以指导网络的设计和实现。本章将系统介绍网络体系结构概念以及两个非常重要的参考体系结构，即 OSI 体系结构和 TCP/IP 体系结构。

计算机网络分从概念上可分为两个层次，即提供信息传输服务的通信子网和提供资源共享服务的资源子网。

通信子网主要由通信媒体（传输介质）和通信设备等组成，主要为众多的计算机用户提供高速度、高效率、低成本，且又安全、可靠的信息传输服务。资源子网由各类计算机系统及外围设备组成，它们利用内层通信子网的通信功能。

计算机网络体系结构的概念及内容都比较抽象，为了帮助同学们更好地理解上面所介绍的实体、协议、服务、接口等概念，我们以如图 1.3－1 所示的邮政系统分层模型来进行类比。

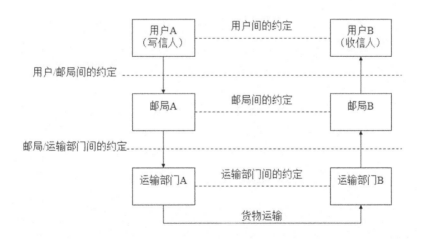

图 1.3－1 邮政系统分层模型

从上述关于邮政系统的类比中我们还可以发现，尽管对收信人来说，信是来自于写信人,但实际上这封信在 A 地历经了由用户、邮局、运输部门的过程,在 B 地则历经了从运输部门、邮局、用户的过程。类似地,网络分层结构模型中的数据的传输,也不是直接从发送方的最高层到接收方的最高层。在发送方,每一层都把协议数据交给它的下一层,直到最下层;在接收方,则由最下层开始一层一层地往上送至最高层。在发送方由上而下的过程中,每一层为了实现本层的功能都要加上相应的控制信息,从而被传输的数据在形式上是越来越复杂;而到了接收方,在自下而上的过程中,每一层都要卸下在发送方对等层所加上的那些控制信息。就如同信件到了本地邮局要装入邮包中,邮包到了本地运输部门要装入货运箱中,而一旦到达远端的运输部门,则要将邮包重新从货运箱中取出交给远端邮局,而远端邮局要将信件重新从邮包中取出交给用户。计算机网络中分别将发送方和接收方所历经的这种过程称为数据封装和数据拆封。

2.计算机网络层次结构

计算机网络的整套协议是一个庞大复杂的体系,为了便于对协议的描述、设计和实现,现在都采用分层的体系结构。所谓层次结构就是指把一个复杂的系统设计问题分解成多个层次分明的局部问题,并规定每一层次所必须完成的功能。

图 1.3-2 给出了计算机网络分层模型的示意图,该模型将计算机网络中的每台机器抽象为若干层(layer),每层实现一种相对独立的功能。

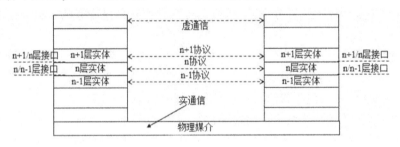

图 1.3-2 计算机网络分层模型

(1)实体与对等实体

每一层中,用于实现该层功能的活动元素被称为实体(entity),包括该层上实际存在的所有硬件与软件,如终端、电子邮件系统、应用程序、进程等。不同机器上位于同一层次、完成相同功能的实体被称为对等(peer to peer)实体。

(2)计算机网络协议

在就算机网络中,相互通信的双方处于不同的地理位置,要使网络上的两个进程之间相互通信,就要都遵循双方事先约定好的交换规则,即要通过交换信息来协调它们的动作和达到同步。我们把计算机网络中为进行数据传输而建立的一系列规则、标准或约定成为网络协议(Protocol)。

网络协议主要由以下 3 个要素构成:

①语法:数据与控制信息的格式、数据编码等;

②时序:事件先后顺序和速度匹配;

③语义:控制信息的内容,需要做出的动作及响应。

(3)计算机网络服务

网络协议协议是作用在不同系统的同等层实体上的。在网络协议作用下，两个同等层实体间的通信使本层能够向它相邻的上一层提供支持，以便上一层完成自己的功能，这种支持就是服务。网络服务是指彼此相邻的两层间下层为上层提供通信能力或操作而屏蔽其细节的过程。上层可看成是下层的用户，下层是上层的服务提供者。

① 服务原语。N＋1 层实体向 N 层实体请求服务时，服务用户和服务提供者之间要进行信息交互，交互的信息即为服务原语。这些原语通知服务提供者采取某些行动或报告某个同等实体的活动，供用户和其他实体访问该服务。服务原语可分为以下 4 类：

a. 请求(Request)，用以使服务用户能从服务提供者那里请求一定的服务。

b. 指示(Indication)，用以使服务提供者能向服务用户提示某种状态。

c. 响应(Response)，用以使服务用户能响应先前的指示原语。

d. 证实(Confirm)，用以使服务提供者能报告先前请求原请求成功与否。

② 服务形式。从通信角度看，各层所提供的服务有两种形式：面向连接的服务和无连接的服务。

a. 面向连接的服务：所谓"连接"，是指在同等层的两个同等实体间所设定的逻辑通路。利用建立的连接进行数据传输的方式就是面向连接的服务。面向连接的服务过程可分为三部分：建立连接、传输数据和撤消连接。

b. 无连接的服务：该类服务的过程类似于邮政系统的信件通信。无论何时，计算机都可以向网络发送想要发送的数据。通信前，无须在两个同等层实体之间事先建立连接，通信链路资源完全在数据传输过程中动态地进行分配。

(4)计算机网络层次结构的优点

1)各层之间相互独立。

2)灵活性好。

3)各层采用最合适的技术而不影响其他层。

4)有利于促进标准化。

3. OSI/RM 结构体系

(1) OSI/RM 简介

在计算机网络的发展历史中，曾出现过多种不同的计算机网络体系结构，其中包括 IBM 公司在 1974 年提出的 SNA(系统网络结构)模型、DEC 公司于 1975 年提出的 DNA(分布型网络的数字网络体系)模型等。这些由不同厂商自行提出的专用网络模型，在体系结构上差异很大，甚至相互之间互不相容，更谈不上将运用不同厂商产品的网络相互连接起来以构成更大的网络系统。体系结构的专用性实际上代表了一种封闭性，尤其在上个世纪 70 年代末至 80 年代初，一方面是计算机网络规模与数量的急剧增长，另一方面是许多按不同体系结构实现的网络产品之间难以进行互操作，严重阻碍了计算机网络的发展。

1979 年，国际标准化组织(ISO)成立了一个分委员会来专门研究一种用于开放系统的计算机网络体系结构，并于 1983 年正式提出了开放式系统互连 OSI(Open System Interconnection)参考模型，简称 OSI/RM。这是一个定义连接异种计算机的标准体系结构，所谓开放是指任何计算机系统只要遵守这一国际标准，就能同其他位于世界上任何地方的、也遵守该标准的计算机系统进行通信。

提出 OSI 参考模型的目的,就是要使在各种终端设备之间、计算机之间、网络之间、操作系统进程之间以及人们之间互相交换信息的过程,能够逐步实现标准化。参照这种模型进行网络标准化的结果,就能使得各个系统之间都是"开放"的,而不是封闭的。即凡是遵守这一标准化的系统之间都可以相互连接使用。ISO 还希望能够用这种参考模型来解决不同系统之间的信息交换问题,使不同系统之间也能交互工作,以实现分布式

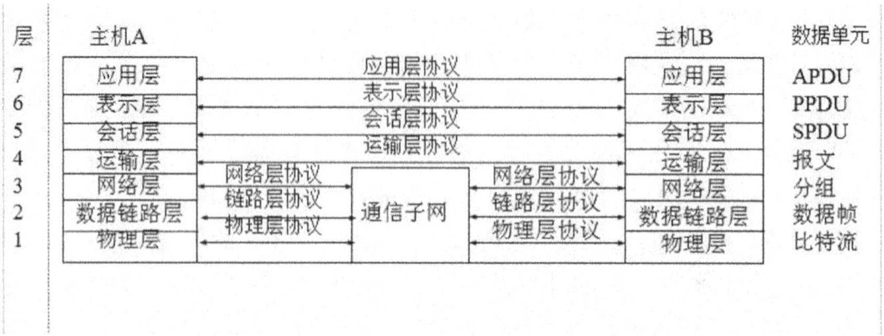

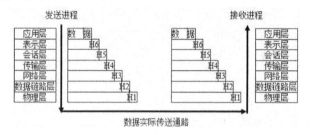

图 1.3－3　OSI 参考模型

处理。含有通信子网的 OSI 参考模型如图 1.3－3 所示。(2) OSI 中的数据流动过程

网络中传输的数据就相当于信件,数据在网络体系结构的层次模型中传输的过程类似于信件的传输过程,如图 1.3－4 所示。

图 1.3－4　数据传送通道

这样,在发送端层层加控制信息,在接收端层层剥去控制信息,有两个作用:

1) 在数据传输过程中,一旦出现差错,可以及时发现、纠正,从而保证数据传输的可靠性。

2) 高一层数据不含低层协议控制信息,可以使得相邻层之间保持相对独立性。这样,低层实现方法的改变不影响高一层功能的执行。

(3) OSI 参考模型中各层简介

1)物理层(Physical Layer)。物理层位于 OSI 参考模型的最低层,它直接面向原始比特流的传输。物理层的主要功能如下:

a. 物理连接的建立、维持和拆除　当一个数据链路实体请求与另一个数据链路实体之间建立物理连接时,物理层应能立即为它们建立相应的物理连接,这个连接可能要经过若干个中继链路实体。在进行通信时,要维持该连接,通信结束后,要立即拆除(释放或撤销)该连接,以供其他的连接使用。

b. 实体间信息按比特传输　在物理连接上,数据一般都是串行传输,即一个一个比特按时间顺序传输。串行传输可采用同步传输方式,也可采用异步传输方式。物理层要保

证信息按比特传输的正确性,并向数据链路层提供一个透明的比特传输。

c. 实现四大特性的匹配　物理层协议规定了为完成物理层主要任务而建立、维持和拆除物理连接的四大特性,这些特性分别是机械(物理)特性、电气特性、功能特性和规程特性。物理层还要实现这四大特性的匹配。

2)数据链路层(Data Link Layer)。数据链路层涉及相邻节点之间的可靠数据传输,数据链路层通过加强物理层传输原始比特的功能,使之对网络层表现为一条无错线路。为了能够实现相邻节点之间无差错的数据传送,数据链路层在数据传输过程中提供了确认、差错控制和流量控制等机制。

数据链路层的主要功能如下:

a. 链路管理　数据链路层的"链路管理"功能包括数据链路的建立、链路的维持和释放三个主要方面。当网络中的两个结点要进行通信时,数据的发送方必须确知接收方是否已处在准备接受的状态。为此通信双方必须先要交换一些必要的信息,以建立一条基本的数据链路。在传输数据时要维持数据链路,而在通信完毕时要释放数据链路。

b. 流量控制　数据链路层既可以确保数据通信的有序进行,还可避免通信过程中不会出现因为接收方来不及接收而造成的数据丢失。这就是它的"流量控制"功能。数据的发送与接收必须必须遵循一定的传送速率规则,可以使得接收方能及时地接收发送方发送的数据。并且当接收方来不及接收时,就必须及时控制发送方数据的发送速率,使两方面的速率基本匹配。

c. 成帧(帧同步)　为了向网络层提供服务,数据链路层必须使用物理层提供的服务。而物理层以比特流进行传输的,这种比特流并不保证在数据传输过程中没有错误,接收到的位数量可能与发送的位数不同。这时数据链路层为了能实现数据有效的差错控制,就采用了一种"帧"的数据块进行传输。而要采帧格式传输,就必须有相应的帧同步技术,就是"成帧"(也称"帧同步")功能。

d. 差错控制　在数据通信过程可能会因物理链路性能和网络通信环境等因素,难免会出现一些传送错误,但为了确保数据通信的准确,又必须使得这些错误发生的机率尽可能低。这一功能也是在数据链路层实现的,就是它的"差错控制"功能。

3)网络层(Network Layer)。网络层的主要功能如下:

a. 路由选择

b. 拥塞控制

4)传输层(Transport Layer)。传输层是 OSI 七层模型中唯一负责端到端节点间数据传输和控制功能的层。

传输层主要有以下几方面的功能:

a. 寻址　传输层实现的是计算机进程间的通信。网络如何正确识别一台主机上的哪个应用进程和另一台主机上的哪个应用进程进行通信,这需要在数据链路层和网络层之外的一种寻址方式,这就是传输层的寻址。

b. 多路服用　当传输层用户进程产生的信息流较少时,可将多个传输连接映射到一个网络连接上,以充分利用网络连接的传输效率,即所谓向上多路复用。相反,当一对进程间传送的信息量大于网络连接所能传送的信息量时,该传输连接可映射为多个网络连接,以保证传输信息吞吐量的要求,即所谓的向下多路复用。

5)会话层(Session Layer)。会话层的功能是在两个节点间建立、维护和释放面向用户的连接。会话层的主要功能包括:

a. 建立连接 为给两个对等会话服务用户建立一个会话连接,选择需要的服务质量参数(QoS),对会话参数进行协商,识别各个会话连接,传送有限的透明用户数据。

b. 数据传输 在两个会话用户之间实现有组织的、同步的数据传输。用户数据单元为SSDU,而协议数据单元为 SPDU。会话用户之间的数据传送过程是将 SSDU 转变成 SPDU。

c. 连接释放 连接释放是通过有序释放、废弃、有限量透明用户数据传送等功能单元释放会话连接。

6)表示层(Presentation Layer)。表示层以下的各层只关心可靠的数据传输,而表示层关心的是所传输数据的语法和语义。它主要涉及处理在两个通信系统之间所交换信息的表示方式,包括数据格式变换、数据加密与解密、数据压缩与恢复等功能。表示层的主要功能包括:完成应用层所用数据的任何所需的转换,能够将数据转换成计算机或系统程序所能读得懂的格式。数据压缩和解压缩,以及加密和解密可以在表示层进行。当然,数据加密和压缩也可由运行在 OSI 应用层以上的用户应用程序来完成。

7)应用层(Application Layer)。应用层是 OSI 参考模型的最高层,负责为用户的应用程序提供网络服务。与 OSI 其他层不同的是,它不为任何其他 OSI 层提供服务,而只是为 OSI 模型以外的应用程彼提供服务。包括为相互通信的应用程序或进行之间建立连接、进行同步,建立关于错误纠正和控制数据完整性过程的协商等。应用层还包含大量的应用协议,如分布式数据库的访问、文件的交换、电子邮件、虚拟终端等。

4. TCP/IP 结构体系

(1) TCP/IP 参考模型

TCP/IP 协议是互联网中使用的协议,现在几乎成了 Windows、UNIX、Linux 等操作系统中唯一的网络协议了(微软似乎也在放弃它自己的 NetBEUI 协议了)。也就是说,没有一个操作系统按照 OSI 协议的规定编写自己的网络系统软件,而都编写了 TCP/IP 协议要求编写的所有程序。

我们在图 1.3-5 中列出了 OSI 模型和 TCP/IP 模型各层的英文名字。了解这些层的英文名是重要的。

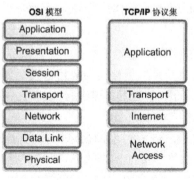

图 1.3-5 TCP/IP 协议集

TCP/IP 协议是一个协议集,它由十几个协议组成。从名字上我们已经看到了其中的两个协议:TCP 协议和 IP 协议。

图 1.3－6 是 TCP/IP 协议集中各个协议之间的关系:

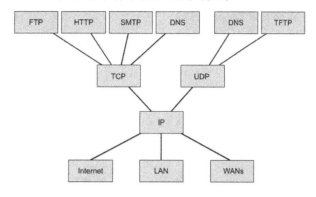

图 1.3－6　TCP/IP 协议集中的各个协议

TCP/IP 协议集给出了实现网络通讯第三层以上的几乎所有协议,非常完整。今天,微软、HP、IBM、中软等几乎所有操作系统开发商都在自己的网络操作系统部分中实现 TCP/IP,编写 TCP/IP 要求编写的每一个程序。

主要的 TCP/IP 协议有:

应用层:FTP、TFTP、Http、SMTP、POP3、SNMP、DNS、Telnet;

传输层:TCP、UDP;

网络层:IP、ARP(地址解析协议)、RARP(逆向地址解析协议)、(DHCP 动态 ip 地址分配)、ICMP(Internet Control Message Protocol)、RIP、IGRP、OSPF(属于路由协议)。

POP3、DHCP、IGRP、OSPF 虽然不是 TCP/IP 协议集的成员,但是都是非常知名的网络协议。我们仍然把它们放到 TCP/IP 协议的层次中来,可以更清晰地了解网络协议的全貌。

TCP/IP 协议是由美国国防部高级研究工程局(DAPRA)开发的。美国军方委托的、不同企业开发的网络需要互联,可是各个网络的协议都不相同。为此,需要开发一套标准化的协议,使得这些网络可以互联。同时,要求以后的承包商竞标的时候遵循这一协议。在 TCP/IP 出现以前美国军方的网络系统的差异混乱,是由于其竞标体系所造成的。所以 TCP/IP 出现以后,人们戏称之为"低价竞标协议"。

(2)应用层协议

TCP/IP 的主要应用层程序有:FTP、TFTP、SMTP、POP3、Telnet、DNS、SNMP、NFS。这些协议的功能其实从其名称上就可以看到。

FTP:文件传输协议。用于主机之间的文件交换。FTP 使用 TCP 协议进行数据传输,是一个可靠的、面向连接的文件传输协议。FTP 支持二进制文件和 ASCII 文件。

TFTP:简单文件传输协议。它比 FTP 简易,是一个非面向连接的协议,使用 UDP 进行传输。因此传送速度更快。该协议多用在局域网中,交换机和路由器这样的网络设备用它把自己的配置文件传输到主机上。

SMTP:简单邮件传输协议。

POP3:这也是个邮件传输协议,本不属于 TCP/IP 协议。POP3 比 SMTP 更科学,微软等公司在编写操作系统的网络部分时,也在应用层编写了相应的程序。

Telnet:远程终端仿真协议。可以使一台主机远程登录到其他机器,成为那台远程主机的显示和键盘终端。由于交换机和路由器等网络设备都没有自己的显示器和键盘,为了对它们进行配置,就需要使用 Telnet。

DNS:域名解析协议。根据域名,解析出对应的 IP 地址。

SNMP:简单网络管理协议。网管工作站搜集、了解网络中交换机、路由器等设备的工作状态所使用的协议。

NFS:网络文件系统协议。允许网络上其它主机共享某机器目录的协议。

从图 1.3-6 可以看到,TCP/IP 协议的应用层协议有可能使用 TCP 协议进行通讯,也可能使用更简易的传输层协议 UDP 完成数据通讯。

(3)传输层协议

传输层是 TCP/IP 协议集中协议最少的一层,只有两个协议:传输控制协议 TCP 和用户数据报协议 UDP。

TCP 协议要完成 5 个主要功能:端口地址寻址,连接的建立、维护与拆除,流量控制,出错重发,数据分段。

1)端口地址寻址

网络中的交换机、路由器等设备需要分析数据报中的 MAC 地址、IP 地址,甚至端口地址。也就是说,网络要转发数据,会需要 MAC 地址、IP 地址和端口地址的三重寻址。因此在数据发送之前,需要把这些地址封装到数据报的报头中。

那么,端口地址做什么用呢?可以想象数据报到达目标主机后的情形。当数据报到达目标主机后,链路层的程序会通过数据报的帧报尾进行 CRC 校验。校验合格的数据帧被去掉帧报头向上交给 IP 程序。IP 程序去掉 IP 报头后,再向上把数据交给 TCP 程序。待 TCP 程序把 TCP 报头去掉后,它把数据交给谁呢? 这时,TCP 程序就可以通过 TCP 报头中由源主机指出的端口地址,了解到发送主机希望目标主机的什么应用层程序接收这个数据报。

因此我们说,端口地址寻址是对应用层程序寻址。

图 1.3-7 表明常用的端口地址。

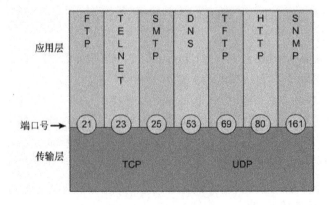

图 1.3-7 常用的端口地址

从图中我们注意到 WWW 所用 Http 协议的端口地址是 80。另外一个在互联网中频繁使用的应用层协议 DNS 的端口号是 53。TCP 和 UDP 的报头中都需要支持端口地址。

目前,应用层程序的开发者都接受 TCP/IP 对端口号的编排。详细的端口号编排可以在 TCP/IP 的注释 RFC1700 查到。(RFC 文档资料可以在互联网上查到,对所有阅读者都是开放的)

TCP/IP 规定端口号的编排方法:低于 255 的编号:用于 FTP、Http 这样的公共应用层协议。;255 到 1023 的编号:提供给操作系统开发公司,为市场化的应用层协议编号;大于 1023 的编号:普通应用程序。

可以看到,除了社会公认度很高的应用层协议,才能使用 1023 以下的端口地址编号。一般的应用程序通讯,需要在 1023 以上进行编号。例如我们自己开发的审计软件中,涉及两个主机审计软件之间的通讯,可以自行选择一个 1023 以上的编号。知名的游戏软件 CS 的端口地址设定为 26350。

端口地址的编码范围从 0 到 65535。从 1024 到 49151 的地址范围需要注册使用,49152 到 65535 的地址范围可以自由使用。

端口地址被源主机在数据发送前封装在其 TCP 报头或 UDP 报头中。图 1.3－8 给出了 TCP 报头的格式:

图 1.3－8　TCP 的报头格式

从图 1.3－8 的 TCP 报头格式我们看到,端口地址使用两个字节 16 位二进制数来表示,被放在 TCP 报头的最前面。

计算机网络中约定,当一台主机向另外一台主机发出连接请求时,这台机器被视为客户机,而那台机器被视为这台机器的服务器。通常,客户机在给自己的程序编端口号时,随机使用一个大于 1023 的编号。例如一台主机要访问 WWW 服务器,在其 TCP 报头中的源端口地址封装为 1391,目标端口地址则需要为 80,指明与 Http 通讯,如图 1.3－9 所示。

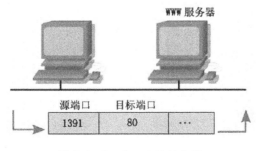

图 1.3－9　端口地址的使用

2)TCP 连接的建立、维护与拆除。

TCP 协议是一个面向连接的协议。所谓面向联结,是指一个主机需要和另外一台主机通讯时,需要先呼叫对方,请求与对方建立连接。只有对方同意,才能开始通讯。

这种呼叫与应答的操作非常简单。所谓呼叫,就是连接的发起方发送一个"建立连接请求"的报文包给对方。对方如果同意这个连接,就简单地发回一个"连接响应"的应答包,连接就建立起来了。

主机 A 希望与主机 B 建立连接以交换数据,它的 TCP 程序首先构造一个请求连接报文包给对方。请求连接包的 TCP 报头中的报文性质码标志为 SYN(见图 1.3-10),声明是一个"连接请求包"。主机 B 的 TCP 程序收到主机 A 的连接请求后,如果同意这个连接,就发回一个"确认连接包",应答 A 主机。主机 B 的确认连接包的 TCP 报头中的报文性质码标志为 ACK。

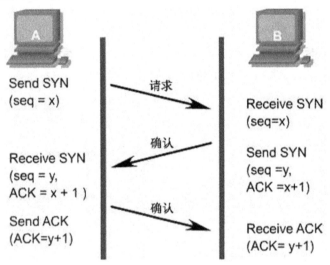

图 1.3-10 建立连接

SYN 和 ACK 是 TCP 报头中报文性质码的连接标志位(见图 1.3-11)。建立连接时,SYN 标志置为置 1,ACK 标志为置 0,表示本报文包是个同步 synchronization 包。确认连接的包,ACK 置 1,SYN 置 1,表示本报文包是个确认 acknowledgment 包。

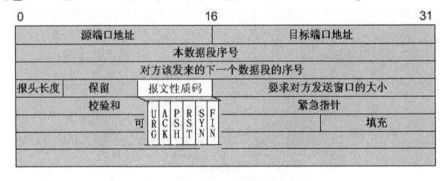

图 1.3-11 SYN 标志位和 ACK 标志位

从图 1.3-11 可以看到,建立连接有第三个包,是主机 A 对主机 B 的连接确认。主机 A 为什么要发送第三个包呢?

考虑这样一种情况:主机 A 发送一个连接请求包,但这个请求包在传输过程中丢失。主机 A 发现超时仍未收到主机 B 的连接确认,会怀疑到有包丢失。主机 A 再重发个连接请求包。第二个连接请求包到达主机 B,保证了连接的建立。

但是如果第一个连接请求包没有丢失,而只是网络慢而导致主机 A 超时呢?这就会使主机 B 收到两个连接请求包,使主机 B 误以为第二个连接请求包是主机 A 的又一个请求。第三个确认包就是为防止这样的错误而设计的。

这样的连接建立机制被称为三次握手。

一些教科书给人们以这样的概念:TCP 在数据通讯之前先要建立连接,是为了确认对方是 active 的,并同意连接。这样的通讯是可靠的。建立连接确实实现了这样的功能。

但是从 TCP 程序设计的深层看,源主机 TCP 程序发送"连接请求包"是为了触发对方主机的 TCP 程序开辟一个对应的 TCP 进程,双方的进程之间传输着数据。这一点你可以这样理解:对方主机中开辟了多个 TCP 进程,分别与多个主机的多个 TCP 进程在通讯。你的主机也可以邀请对方开辟多个 TCP 进程,同时进行多路通讯。

对方同意与你建立连接,对方就要分出一部分内存和 CPU 时间等资源运行与你通讯的 TCP 进程。(一种叫做 flood 的黑客攻击就是采用无休止地邀请对方建立连接,是对方主机开辟无数个 TCP 进程与之连接,最后耗尽对方主机的资源。)

可以理解,当通讯结束时,发起连接的主机应该发送拆除连接的报文包,通知对方主机关闭相应的 TCP 进程,释放所占用的资源。拆除连接报文包的 TCP 报头中,报文性质码的 FIN 标志位置 1,表明是一个拆除连接的报文包。

为了防止连接双方的一侧出现故障后异常关机,而另外一方的 TCP 进程无休止地驻留,任何一方如果发现对方长时间没有通讯流量,就会拆除连接。但有时确实有一段时间没有流量,但还需要保持连接,就需要发送空的报文包,以维持这个连接。维持连接的报文包的英语名称非常直观:keepalive。为了在一段时间内没有数据发送但还需要保持连接而发送 Keepalive 包,被称为连接的维护。

TCP 程序为实现通讯而对连接进行建立、维护和拆除的操作,称为 TCP 的传输连接管理。

最后,我们再回过头来看看 TCP 怎么知道需要建立连接的。当应用层的程序需要数据发送的时候,就会把待发送的数据放在一个内存区域。然后调用 TCP 程序,并把目标 IP 地址和数据大小、数据区的首地址等参数

3)TCP 报头中的报文序号。

TCP 是将应用层交给的数据分段后发送的。为了支持数据出错重发和数据段组装,TCP 程序为每个数据段封装的报头中,设计了两个数据报序号字段,分别称为发送序号和确认序号。

出错重发是指一旦发现有丢失的数据段,可以重发丢失的数据,以保证数据传输的完整性。如果数据没有分段,出错后源主机就不得不重发整个数据。为了确认丢失的是哪个数据段,报文就需要安装序号。

另一方面,数据分段可以使报文在网络中的传输非常灵活。一个数据的各个分段,可以选择不同的路径到达目标主机。由于网络中各条路径在传输速度上不一致性,有可能前面发出的数据段后到达,而后发出的数据段先到达。为了使目标主机能够按照正确的次序重新装配数据,也需要在数据段的报头中安装序号。

TCP 报头中的第三、四字段是两个基本点序号字段。发送序号是指本数据段是第几号报文包。接收序号是指对方该发来的下一个数据段是第几号段。确认序号实际上是已经接收到的最后一个数据段加 1。(如果 TCP 的设计者把这个字段定义为已经接收到的最后一个数据段序号,本可以让读者更容易理解。)

如图 1.3-12 所示,左方主机发送 telnet 数据,目标端口号为 23(参阅图 1.3-12),源端口号为 1028。发送序号 Sequencing Numbers 为 10,表明本数据是第 10 段。确认序号 Acknowledgement Numbers 为 1,表明左方主机收到右侧主机发来的数据段数为 0,右侧主机应该发送的数据段是 1。

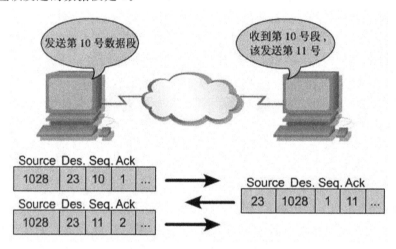

图 1.3-12 发送序号与确认序号

右侧主机向左方主机发送的数据报中,发送序号是 1,确认序号是 11。确认序号是 11 表明右侧主机已经接收到左方主机第 10 号包以前的所有数据段。

TCP 协议设计在报头中安装第二个序号字段是很精彩的。这样,对对方数据的确认随着本主机的数据发送而载波过去,而不是单独发送确认包,大大节省了网络带宽和接收主机的 CPU 时间。

4)PAR 出错重发机制。

在网络中有两种情况会丢失数据包。如果网络设备(交换机、路由器)的负荷太大,当其数据包缓冲区满的时候,就会丢失数据包。另外一种情况是,如果在传输中因为噪声干扰、数据碰撞或设备故障,数据包就会受到损坏。在接收主机的链路层接受校验时就会被丢弃。

发送主机应该发现丢失的数据段,并重发出错的数据。

TCP 使用称为 PAR 的出错重发方案(Positive acknowledgment and retransmission),这个方案是许多协议都采用的方法。

TCP 程序在发送数据时,先把数据段都放到其发送窗口中,然后再发送出去。然后,PAR 会为发送窗口中每个已发送的数据段启动定时器。被对方主机确认收到的数据段,将从发送窗口中删除。如果某数据段的定时时间到,仍然没有收到确认,PAR 就会重发这个数据段。

在图 1.3－13 中,发送主机的 2 号数据段丢失。接收主机只确认了 1 号数据段。发送主机从发送窗口中删除已确认的 1 号包,放入 4 号数据段(发送窗口＝3,没有地方放更多的待发送数据段),将数据段 2、3、4 号发送出去。其中,数据段 2、3 号是重发的数据段。这张示意图描述了 PAR 的出错重发机制。

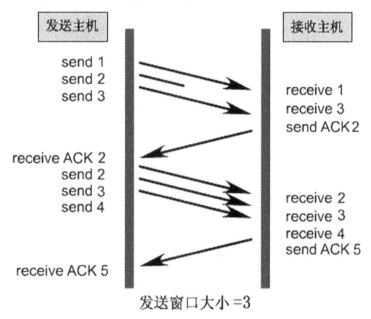

图 1.3－13　PAR 出错重发机制

细心的读者会发现,尽管数据段 3 已经被接收主机收到,但是仍然被重发。这显然是一种浪费。但是 PAR 机制只能这样处理。读者可能会问,为什么不能通知源主机哪个数据段丢失呢?那样的话,源主机可以一目了然,只需要发送丢失的段。好,我们来看一看:如果连续丢失了十几个段,甚至更多,而 TCP 报头中只有一个确认序号字段,该通知源主机重发哪个丢失的数据段呢?如果单独设计一个数据包,用来通知源主机所有丢失的数据段也不行。因为如果通知源主机该重发哪些段的包也丢失了该怎么办呢?

PAR 出错重发机制 Positive acknowledgment and retransmission 中的"主动 Positive"一词,是指发送主机不是消极地等待接收主机的出错信息,而是会主动地发现问题,实施重发的。虽然 PAR 机制有一些缺点,但是比起其它的方案,PAR 仍然是最科学的。

5)TCP 是如何进行流量控制。

如果接收主机同时与多个 TCP 通讯,接收的数据包的重新组装需要在内存中排队。如果接收主机的负荷太大,因为内存缓冲区满,就有可能丢失数据。因此,当接收主机无法承受发送主机的发送速度时,就需要通知发送主机放慢数据的发送速度。

事实上,接收主机并不是通知发送主机放慢发送速度,而是直接控制发送主机的发送窗口大小。接收主机如果需要对方放慢数据的发送速度,就减小数据报中 TCP 报头里"发送窗口"字段的数值。对方主机必须服从这个数值,减小发送窗口的大小。从而降低了发送速度。

在图 1.3−14 中,发送主机开始的发送窗口大小是 3,每次发送 3 个数据段。接收主机要求窗口大小为 1 后,发送主机调整了发送窗口的大小,每次只发送一个数据段,因此降低了发送速度。

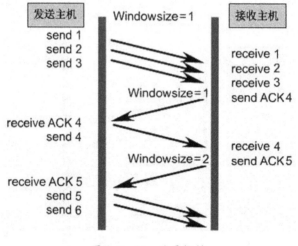

图 1.3−14 流量控制

极端的情况,如果接收主机把窗口大小字段设置为 0,发送主机将暂停发送数据。

有趣的是,尽管发送主机接受接收主机的窗口设置降低了发送速度,但是,发送主机自己会渐渐扩大窗口。这样做的目的是进可能地提高数据发送的速度。

在实际中,TCP 报头中的窗口字段不是用数据段的个数来说明大小,而是以字节数为大小的单位的。

6)UDP 协议

在 TCP/IP 协议集中设计了另外一个传输层协议:无连接数据传输协议 Connectionless Data transport Protocol。这是一个简化了的传输层协议。UDP 去掉了 TCP 协议中 5 个功能的 3 个功能:连接建立、流量控制和出错重发,只保留了端口地址寻址和数据分段两个功能。

UDP 通过牺牲可靠性换得通讯效率的提供。对于那些数据可靠性要求不高的数据传输,可以使用 UDP 协议来完成。例如 DNS、SNMP、TFTP、DHCP。

UDP 报头的格式非常简单,核心内容只有源端口地址和目标端口地址两个字段(图 1.3−15)。DHCP 的详细描述见 RFC768。

0		16	31
源端口地址		目标端口地址	
长度		校验和	
数据			
...			

图 1.3−15 UDP 报头的格式

UDP 程序需要与 TCP 一样完成端口地址寻址和数据分段两个功能。但是它不能知道数据包是否到达目标主机,接收主机也不能抑制发送主机发送数据的速度。由于数据报中不再有报文序号,一旦数据包沿不同路由到达目标主机的次序出现变化,目标主机也无法按正确的次序纠正这样的错误。

TCP 是一个面向连接的、可靠的传输;UDP 是一个非面向连接的、简易的传输。

(4)网络层协议

TCP/IP 协议集中最重要的成员是 IP 和 ARP。除了这两个协议外,网络层还有一些其他的协议,如 RARP、DHCP、ICMP、RIP、IGRP、OSPF 等。

三、任务扩展

此部分略。

任务四　局域网技术

一、任务描述

1. 知识型工作任务

(1)掌握局域网的特点和功能、IEEE802 标准、介质访问控制的原理、无线局域网工作原理和基本组网方式。

(2)掌握主要的局域网组网设备的功能与选择。

(3)了解令牌环网、FDDI、VLAN 的概念与实现方式。

2. 技能型工作任务

(1)能够选择局域网组网的设备。

(2)能够识别局域网的特点和功能,掌握无线局域网基本组网方式。

(3)能够掌握令牌环网、FDDI、VLAN 的实现方式。

3. 教学组织形式

(1)学生角色:网络公司职员或网络管理人员;教师角色:资深网络管理人员。

(2)教学过程:在网络工程实训室、网络公司或某小型企业进行教学,针对局域网体系结构进行认知训练。

二、任务实施

计算机局域网技术对计算机信息系统的发展有很大影响。它不仅以中小型计算机信息系统的形式广泛应用于办公自动化、工厂自动化、信息处理自动化以及金融、外贸、交通、商业、军事、教育等部门,而且随着通信技术的发展,对将来的大型计算机信息系统的结构也会产生一定的影响。

局域网最基本的技术包括拓扑结构、传输技术和介质访问控制技术。它们共同确定信息的传输形式、速率和效率、信道容量以及网络应用服务类型等。

1. 局域网的特点

(1)覆盖范围小

局域网中各节点分布的地理范围较小,如一个工厂、学校、建筑物甚至一个房间内,用户可以在局部范围内移动,距离的改变一般不大。

(2)传输速率高

由于局域网所用通信线路较短,故可选用高性能的介质做通信线路,使线路有较宽的频带,这样就可以提高通信速率,缩短延迟时间。

(3)误码率低,可靠性高

局域网通信线路短,出现差错的机会少,而且局域网多为专用,噪声和其他干扰因素影响小,因而网络信息传输过程中出错的概率小,可靠性高。

(4)成本低,易于更新扩充

由于网络区域有限,所用通信线路短、网络设备相对较少,从而降低了网络成本。另外,局域网通常为一个部门所有,也不受其他网络规定的约束,容易进行设备的更新和使用最新技术,扩充网络功能。

(5)结构简单,易于实现。

2. 局域网的传输介质

典型的局域网传输介质有双绞线、同轴电缆和光纤,其次还有微波和卫星等。

(1)非屏蔽双绞线

非屏蔽双绞线是最常用的网络连接传输介质。非屏蔽双绞线有4对绝缘塑料包皮的铜线。8根铜线每两根互相绞扭在一起,形成线对,如图1.4-1所示。线缆绞扭在一起的目的是相互抵消彼此之间的电磁干扰。扭绞的密度沿着电缆循环变化,可以有效地消除线对之间的串扰。每米扭绞的次数需要精确地遵循规范设计,也就是说双绞线的生产加工需要非常精密。

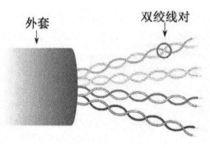

图1.4-1 非屏蔽双绞线

因为非屏蔽双绞线的英文名字是 Unshielded twisted-pair cable,所以我们互相都简称非屏蔽双绞线为 UTP 电缆。

UTP 电缆的4对线中,有两对作为数据通讯线,另外两对作为语音通讯线。因此,在电话和计算机网络的综合布线中,一根 UTP 电缆可以同时提供一条计算机网络线路和两条电话通讯线路。

UTP 电缆有许多优点。UTP 电缆直径细,容易弯曲,因此易于布放。价格便宜也是UTP 电缆的重要优点之一。UTP 电缆的缺点是其对电磁辐射采用简单扭绞,靠互相抵消的处理方式。因此,在抗电磁辐射方面,UTP 电缆相对同轴电缆(电视电缆和早期的50 欧姆网络电缆)处于下风。

曾经一度认为 UTP 电缆还有一个缺点就是数据传输的速度上不去。但是现在不是这样的。事实上,UTP 电缆现在可以传输高达 1000 Mbps 的数据,是铜缆中传输速度最快的通讯介质。

(2)屏蔽双绞线

屏蔽双绞线 Shielded twisted－pair cable (STP)结合了屏蔽、电磁抵消和线对扭绞的技术,如图 1.4－2 所示。同轴电缆和 UTP 电缆的优点,STP 电缆都具备。

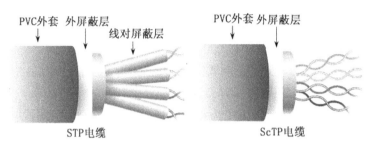

图 1.4－2　屏蔽双绞线

在以太网中,STP 可以完全消除线对之间的电磁串扰。最外层的屏蔽层可以屏蔽来自电缆外的电磁 EMI 干扰和无线电 RFI 干扰。

STP 电缆的缺点主要有两点,一个是价格贵,另外一个就是安装复杂。安装复杂是因为 STP 电缆的屏蔽层接地问题。电缆线对的屏蔽层和外屏蔽层都要在连接器处与连接器的屏蔽金属外壳可靠连接。交换设备、配线架也都需要良好接地。因此,STP 电缆不仅是材料本身成本高,而且安装的成本也相应增加。

不要忘记布线的安装成本。要记住,现在施工部门对你的取费流行是用你的材料成本乘以百分之十几。而且,当他们看到我们要布放的是屏蔽双绞线电缆时,会很合理地提出增加施工费用的。

有一种 STP 电缆的变形,叫 ScTP。ScTP 电缆把 STP 中各个线对上的屏蔽层取消,只留下最外层的屏蔽层,以降低线材的成本和安装复杂程度。ScTP 中线对之间串绕的克服与 UTP 电缆一样由线对的扭绞抵消来实现。

ScTP 电缆的安装相对 STP 电缆要简单多了,这是因为免除了线对屏蔽层的接地工作。

屏蔽双绞线抗电磁辐射的能力很强,适合于在工业环境和其它有严重电磁辐射干扰或无线电辐射干扰的场合布放。另外,屏蔽双绞线的外屏蔽层有效地屏蔽了线缆本身对外界的辐射。在军事、情报、使馆,以及审计署、财政部这样的政府部门,都可以使用屏蔽双绞线来有效地防止外界对线路数据的电磁侦听。对于线路周围有敏感仪器的场合,屏蔽双绞线可以避免对它们的干扰。

然而,屏蔽双绞线的端接需要可靠地接地。不然,反而会引入更严重的噪声。这是因为屏蔽双绞线的屏蔽层此时就会象天线一样去感应所有周围的电磁信号。

(3)双绞线的频率特性

双绞线有很高的频率响应特性,可以高达 600 MHz,接近电视电缆的频响特性。双绞线电缆的分类依据其频率响应特性:

①5 类双绞线(Category 5):频宽为 100 MHz。

②超 5 类双绞线(Enhanced Category 5):频宽仍为为 100 MHz,串扰、时延差等其他性能参数要求更严格。

③6 类双绞线(Category 6):频宽为 250 MHz。

④7 类双绞线(Category 7):频宽为 600 MHz。

快速以太网的传输速度是 100 Mbps(bits per second),其信号的频宽约 70 MHz;ATM 网的传输速度是 150 Mbps,其信号的频宽约 80 MHz;千兆网的传输速度是 1000 Mbps,其信号的频宽 100 MHz。因此,用 5 类双绞线电缆能够满足所有常用网络传输对频率响应特性的要求。

6 类双绞线是一个较新级别的电缆,其频率带宽可以达到 250 MHz。2002 年 7 月 20 日,TIA/EIA-568-B.2.1 公布了 6 类双绞线的标准。6 类双绞线除了要保证频率带快达到更高要求,其他参数的要求也颇为严格。例如串扰参数必须在 250 MHz 的频率下测试。

7 类双绞线是欧洲提出的一种屏蔽电缆 STP 的标准,其计划带宽是 600 MHz。目前还没有制订出相应的测试标准。

双绞线的分类通常简写为 CAT 5、CAT 5e、CAT 6、CAT 7。

(4)双绞线的端接

为了连接 PC、集线器、交换机和路由器,双绞线电缆的两端需要端接连接器。在 100 Mbps 快速以太网中,网卡、集线器、交换机、路由器等用双绞线连接需要两对线,一对用于发送,另外一对用于接收。

根据 EIA/TIA-T568 标准的规定,PC 机的网卡和路由器使用 1、2 线对用作发送端,3、6 线对用于接收端。交换机和集线器与之相反,使用 3、6 线对作为发送端,1、2 线对作为接收端。

为此,当把一台 PC 与交换机或集线器连接时,使用如图 1.4-3 所示的直通线。

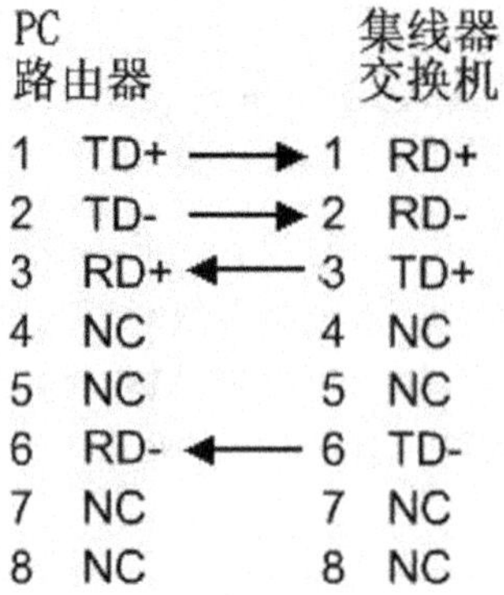

```
PC                      集线器
路由器                   交换机

1  TD+  ──────►  1  RD+
2  TD-  ──────►  2  RD-
3  RD+  ◄──────  3  TD+
4  NC            4  NC
5  NC            5  NC
6  RD-  ◄──────  6  TD-
7  NC            7  NC
8  NC            8  NC
```

图 1.4-3　直通线

使用如图 1.4-4 所示的交叉电缆,可以把两台电脑互连。使用交叉电缆把两台电脑连接在一起的方法,是最简单的网络连接。交换机和集线器有时候为了扩充端口的数

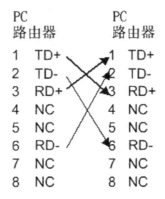

图 1.4－4　交叉线

量,或者延伸网络的长度(双绞线电缆 UTP 和 STP 的最大连接长度是 100 米),需要多台交换机和集线器级连。由于交换机和集线器的发送端和接收端设置相同,所以它们自己之间的互连也需要使用如图 1.4－5 所示的交叉电缆。

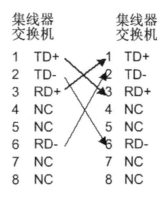

5　交换机之间的级连也使用交叉线

　　交换机和集线器的发送端口与接收端口的设置与电脑网卡的设置正好相反的目的是使电脑与交换机和集线器的连接线缆的端接简化。我们知道,制做 UTP 的直通线要比制做交叉线简单。尤其是需要先在建筑物内布线,再用 UTP 跳线将电脑与交换机连接在一起的场合,直通线的使用可以避免线序的混乱,如图 1.4－6 所示。

　　(5)双绞线及双绞线端接的测试

　　为保证信号可靠传输,传输介质,以及线缆的布放和端接,必须进行全面的测试。借助电缆测试仪器,这些测试是确保网络能够在高速度、高频率的条件可靠工作的必要保证。最后的性能参数必须满足某一个公认的测试标准。目前国际流行的有三个标准:美国的 ANSI/TIA/EIA－568 标准、ISO/IEC 11801 标准、欧洲的 EN 50173 标准。

　　主要的双绞线电缆及双绞线电缆布放和端接的测试参数:

　　线序 Wire map;

　　连接 Conection;

　　电缆长度 Cable length;

　　直流电阻 DC resistance;

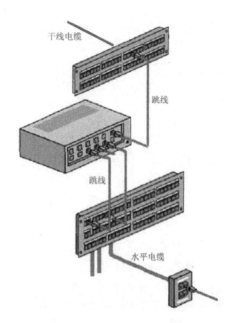

图 1.4－6　建筑物内的网络布线

阻抗 Impedance；

衰减 Attenuation；

近端串扰 Near－end crosstalk（NEXT）；

功率和近端串扰 Power sum near－end crosstalk（PSNEXT）；

等效远端串扰 Equal－level far－end crosstalk（ELFEXT）；

功率和远端串扰 Power sum equal－level far－end crosstalk（PSELFEXT）；

回返损失 Return loss；

传导延时 Propagation delay；

时延差 Delay skew。

线序测试是指测试双绞线两端的 8 条线是否正确端接。当然，线序测试也测试了线缆是否有断路或开路。线序测试也完成了连接测试，确保线缆质量及端接的可靠。

根据 TIA/EIA－568 标准，双绞线电缆长度不得超过 100 米。

直流电阻和交流阻抗超标，会造成衰减指标超标。直流电阻太大，会使电信号的能量消耗为热能。交流阻抗过大或过小，会造成两端设备的输入电路和输出电路阻抗不匹配，导致一部分信号象回声一样反射回发送端设备，造成接收端信号衰弱。另外，交流阻抗在整个线缆长度上应该保持一致。不仅从端点测试的交流阻抗需要满足规范，而且沿着线缆的所有部位，都应该满足规范。

回返损失测试由于沿线缆长度上交流阻抗不一致而导致信号能量的反射。回返损失用分贝来表示，是测试信号与反射信号的比值。因此，电缆测试仪上回返损失测试结果的读数越大越好。TIA/EIA－568 标准规定回返损失应该大于 10 个 db。

衰减是所有电缆测试的重要参数，指信号通过一段电缆后信号幅值的降低。电缆越长，直流电阻和交流阻抗越大，信号频率越高，衰减就越大。

　　串扰是指一根线缆电磁辐射到另外一根线缆,如图1.4－7所示。当一对线缆中的电压变化时,就会产生电磁辐射能量。这个能量就象无线电信号一样发射出去。而另外一对线缆此时就会象天线一样,接收这个能量辐射。频率越高,串扰就越显著。双绞线就是要依靠绞扭来抵消这样的辐射。如果电缆不合格,或者端接的质量不合格,双绞线依靠绞扭来抵消串扰的能力就会降低,造成通讯质量下降,甚至不能通讯。

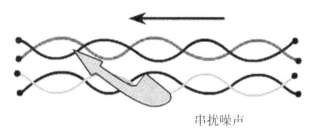

串扰噪声

图 1.4－7　串扰

　　TIA/EIA－568 标准中规定,5 类双绞线的近端串扰值不许大于 24db 方是合格。新的网络工程师们直接的感觉是测试结果的近端串扰数值越小,应该是质量越好。但为什么近端串扰数值越大越好呢? 原因是 TIA/EIA－568 标准中规定,5 类双绞线的近端串扰值是在信号发射端的测试信号的电压幅值与串扰信号幅值之比。比的结果用负的分贝数来表示。负的数值越大,反映噪声越小。传统上,电缆测试仪并不显示负数,所以从测试仪上读出 30db(实际的结果是－30db)要比读数为 20db 要好。

　　电缆测试仪在测试串扰时,先在一对线缆中发射测试信号,然后测试另外一对线缆中的电压数值。这个电压就是由于串扰而产生的。

　　我们知道,近端串扰随着频率升高而显著。因此,我们在测试近端串扰的时候应该按照 ISO/IEC 11801 标准或 TIA/EIA－568 标准,对所有规定的频率完成测量。有些电缆测试仪为了缩短测试时间,只在几个频率点上测试。这样就容易忽视隐藏频率测试点上的链路故障。

　　等效远端串扰是指远离发射端的另外一端形成的串扰噪声。由于衰减的原因,一般情况下,如果近端串扰测试合格,远端串扰的测试也能够通过。

　　功率和近端串扰是指来自所有其他线对的噪声之和。在早期的双绞线使用中我们只使用两对线缆来完成通讯。一对用于发送,另外一对用于接受。另外两对电话线对的语音信号频率较低,串扰很微弱。但是,随着 DSL 技术的使用,数据线旁边电话线对的语音线也会有几兆频率的数据信号。另外,千兆以太网开始使用所有 4 对线,经常会有多对线同时向一个方向传输信号。因此,近代通讯中,多对线缆中同时通讯的串扰的汇聚作用对信号是十分有害的。因此,TIA/EIA－568－B 开始规定需要测试功率和串扰。

　　造成直流电阻、交流阻抗、衰减、串扰等指标超标的原因除了线缆质量的可能外,更多的是端接质量差,如图 1.4－8 所示。如果测试出上述指标或某项指标超标,一般都判断是端接问题。剪掉原来的 RJ45 连接器,重新端接,一般都可以排除这类故障。

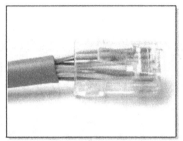
质量差的端接

合格的端接

图 1.4－8　端接的质量

传导延时是对信号沿导线传输速度的测试。传导延时的大小取决于电缆的长度、线绞的疏密以及电缆本身的电特性。长度、线绞是随应用而定的。所以,传导延时主要是测试电缆本身点特性是不是合格。TIA/EIA－568－B 对不同类的双绞线有不同的传导延时标准。对于 5 类 UTP 电缆,TIA/EIA－568－B 规定不得大于 1 微秒。

传导延时测量是电缆长度测量的基础。测试仪器测量电缆长度是依据传导延时完成的。由于电线是绞扭的,所以信号在导线中行进的距离要多于电缆的物理长度。电缆测试仪器在测量时,发送一个脉冲信号。这个脉冲信号沿同线路反射回来的时间就是传导延时。这样的测试方法被称为时域反射仪测试(Time Domain Reflectometry test),或TDR 测试。

TDR 测试不仅可以用来测试电缆的长度,也可以测试电缆中短路或断路的地方。当测试脉冲碰到开路或短路的地方时,脉冲的部分能量,甚至全部能量都会反射回测试仪器。这样就可以计算出线缆故障的大体部位。

信号沿一条 UTP 电缆的不同线对传输,其延迟会有一些差异。这是因为线缆电特性不一致造成的。TIA/EIA－568－B 标准中的时延差 Delay Skew 参数就是这种差异的测试。延迟差异对于高速以太网(比如千兆以太网)的影响非常大。这是因为高速以太网使用几个线对同时传输数据,如果延迟差异太大,从几对线分别送出的数据,在接收端就无法正确地装配。

对于没有使用那么高速度的以太网(如百兆以太网),因为数据不会拆开用几对数据线同时传送,所以工程师往往不注意这个参数。但是,时延差参数不合格的电缆在未来升级到高速以太网的时候就会遇到麻烦。

下面是 TIA/EIA－568－B 对 5 类双绞线电缆的测试标准:

长度(Length)＜90m;

衰减(Attenuation)＜23.2db;

传导延时(Propagation delay)＜1.0 us;

直流电阻(DC resistance)＜40 ohm;

近端串扰(Near－end crosstalk loss)＞24db;

回返损耗(Return loss)＞10db。

要完成电缆测试,就必须使用电缆测试仪器。如图 1.4－9 所示的是 Fluke DSP－LIA013,它是大多数网络工程师所熟悉的便携式电缆测试仪,可以测试超 5 类双绞线电缆。

图 1.4－9　Fluke DSP－LIA013 电缆测试仪

　　最后需要强调的是,网络布线不仅需要采购合格的材料(包括线缆和连接器),而且需要合格的施工(包括布放和端接)。电缆测试应该在施工完成后进行。这不仅测试了线缆的质量,而且也测试了连接器、偶合器,更重要的是测试了线缆布放的质量和端接的质量。

　　(6) 光缆

　　光缆是高速、远距离数据传输的最重要的传输介质。多用于局域网的骨干线段、局域网的远程互联。在 UTP 电缆传输千兆位的高速数据还不成熟的时候,实际网络设计中工程师在千兆位的高速网段上完全依赖光缆。即使现在已经有可靠的用 UTP 电缆传输千兆位高速数据的技术,但是,由于 UTP 电缆的距离限制(100 米),所以骨干网仍然要使用光缆(局域网上多用的多模光纤的标准传输距离是 2 公里)。

　　光缆完全没有对外的电磁辐射,也不受任何外界电磁辐射的干扰。所以在周围电磁辐射严重的环境下(如工业环境中),以及需要防止数据被非接触侦听的需求下,光纤是一种可靠的传输介质。

　　在使用光缆数据传输时,在发送端用光电转换器将电信号转换为光信号,并发射到光缆的光导纤维中传输。在接收端,光接收器在再将光信号还原成电信号。

　　光缆由光纤、塑料包层、卡夫勒抗拉材料和外护套构成,如图 1.4－10 所示。

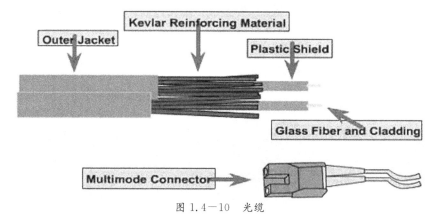

图 1.4－10　光缆

光纤用来传递光脉冲。有光脉冲相当于数据 1，没有光脉冲相当于数据 0。光脉冲使用可见光的频率，约为 108 MHz 的量级。因此，一个光纤通信系统的带宽远远大于其它传输介质的带宽。

塑料包层用作光纤的缓冲材料，用来保护光纤。有两种塑料包层的设计：松包裹和紧包裹。大多数在局域网中使用的多模光纤使用紧包裹，这时的缓冲材料直接包裹到光纤上。松包裹用于室外光缆，在它的光纤上增加涂抹垫层后再包裹缓冲材料。

卡夫勒抗拉材料用以在布放光缆的施工中避免因拉拽光缆而损坏内部的光线。

外护套使用 PVC 材料或橡胶材料。室内光缆多使用 PVC 材料，室外光缆则多使用含金属丝的黑橡胶材料。

（7）光纤数据传输的原理

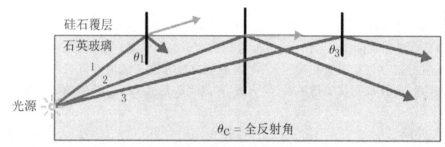

Ray 1：$\theta_1 < \theta_C$，反射＋折射
Ray 2：$\theta_2 = \theta_C$，反射＋折射
Ray 3：$\theta_3 > \theta_C$，所有入射光将全部反射

图 1.4－11　全反射原理

光纤由纤芯和硅石覆层构成。纤芯是氧化硅和其它元素组成的石英玻璃，用来传输光射线。硅石覆层的主要成份也是氧化硅，但是其折射率要小于纤芯。

光纤传输是根据光学的全反射定律。当光线从折射率高的纤芯射向折射率低的覆层的时候，其折射角大于入射角，如图 1.4－11 所示。如果入射角足够大，就会出现全反射，即光线碰到覆层时就会折射回纤芯。这个过程不断重复下去，光也就沿着光纤传输下去了。

现代的生产工艺可以制造出超低损耗的光纤，光可以在光纤中传输数公里而基本上没有什么损耗。我们甚至在布线施工中，在几十楼层远的地方用手电筒的光用肉眼来测试光纤的布放情况，或分辨光纤的线序（注意，切不可在光发射器工作的时候用这样的方法。激光光源的发射器会损坏眼睛）。

由全反射原理可以知道，光发射器的光源的光必须在某个角度范围才能在纤芯中产生全反射。纤芯越粗，这个角度范围就越大。当纤芯的直径减小到只有一个光的波长，则光的入射角度就只有一个，而不是一个范围。

可以存在多条不同的入射角度的光纤，不同入射角度的光线回沿着不同折射线路传输。这些折射线路被称为"模"。如果光纤的直径足够大，以至有多个入射角形成多条折射线路，这种光纤就是多模光纤。

单模光纤的直径非常小，只有一个光的波长。因此单模光纤只有一个入射角度，光纤中只有一条光线路。单模光纤和多模光纤见图 1.4－12。

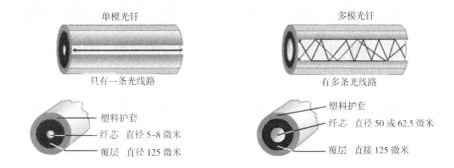

图 1.4－12 单模光纤和多模光纤

单模光纤的特点是：①纤芯直径小,只有 5 到 10 微米；②几乎没有散射。；③适合远距离传输。标准距离达 3 公里,非标准传输可以达几十公里；④使用激光光源。

多模光纤的特点是：①纤芯直径比单模光纤大,有 50 到 62.5 微米,或更大；②散射比单模光纤大,因此有信号的损失；③适合远距离传输,但是比单模光纤小,标准距离 2 公里；④使用 LED 光源。

我们可以简单地记忆为：多模光纤纤芯的直径要比单模光纤约大 10 倍。多模光纤使用发光二极管作为发射光源,而单模光纤使用激光光源。我们通常看到用 50/125 或 62.5/125 表示的光缆就是多模光纤。而如果在光缆外套上印刷有 9/125 的字样,即说明是单模光纤。光纤的种类如图 1.4－13 所示。

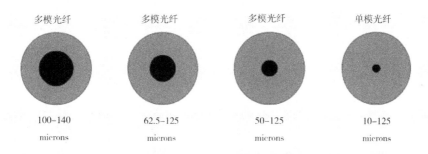

图 1.4－13 光纤的种类

在光纤通信中,常用的三个波长是 850 纳米、1310 纳米和 1550 纳米。这些波长都跨红色可见光和红外光。对于后两种频率的光,在光纤中的衰减比较小。850 纳米的波段的衰减比较大,但在此波段的光波其他特性比较好,因此也被广泛使用。

单模光纤使用 1310 纳米和 1550 纳米的激光光源,在长距离的远程连接局域网中使用。多模光纤使用 850 纳米、1300 纳米的发光二极管 LED 光源,被广泛地使用在局域网中

3. 局域网的分类

局域网有许多不同的分类方法,如按拓扑结构分类、按传输介质分类、按介质访问控制方法分类等。

（1）按拓扑结构分类

按不同拓扑结构组建的局域网，分别称作星型网络、总线型网络、网状网络等。

（2）按传输介质分类

局域网使用的主要传输介质有双绞线、细同轴电缆、光缆等。以连接到用户终端的介质可分为双绞线网、细缆网等。

（3）按介质访问控制方法分类

介质访问控制方法提供传输介质上网络数据传输控制机制。按不同的介质访问控制方式局域网可分为以太网、令牌环网等。

（4）按网络使用的技术分类

按网络使用的技术不同局域网可分为如以太网、ATM 网、快速以太网、FDDI 网等。IEEE 802 标准所描述的局域网参考模型与 OSI 参考模型的关系如图 1.4－14 所示。局域网参考模型只对应于 OSI 参考模型的数据链路层和物理层，它将数据链路层划分为两个子层：逻辑链路控制（LLC）子层和介质访问控制（MAC）子层。

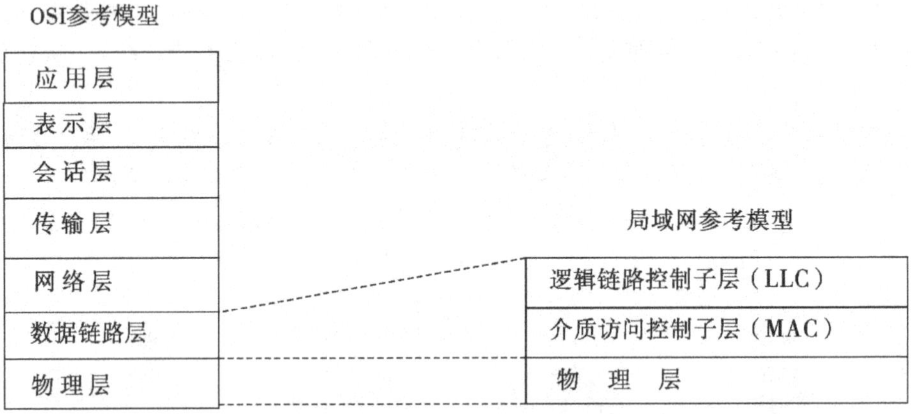

OSI参考模型

应 用 层
表 示 层
会 话 层
传 输 层

局域网参考模型

网 络 层	逻辑链路控制子层（LLC）
数据链路层	介质访问控制子层（MAC）
物 理 层	物 理 层

图 1.4－14　IEEE802 参考模型与 OSI 参考模型对应关系

1）物理层。

物理层涉及通信在信道上传输的原始比特流，它的主要作用是确保二进制位信号的正确传输，包括位流的正确传送与正确接收。这就是说物理层必须保证在双方通信时，一方发送二进制"1"，另一方接收的也是"1"，而不是"0"。

2）MAC 子层。

介质访问控制（MAC）是数据链路层的一个功能子层，MAC 构成了数据链路层的下半部，它直接与物理层相邻。MAC 子层主要制定管理和分配信道的协议规范，换句话说，就是用来决定广播信道中信道分配的协议属于 MAC 子层。

MAC 子层是与传输介质有关的一个数据链路层的功能子层，它的主要功能是进行合理的信道分配，解决信道竞争问题。它在支持 LLC 子层中，完成介质访问控制功能，为竞争的用户分配信道使用权，并具有管理多链路的功能。MAC 子层为不同的物理介质定义了介质访问控制标准。目前 IEEE802 已制定的介质访问控制标准有著名的带冲突检测的载波监听多路访问（CSMA/CD）、令牌环（Token－Ring）和令牌总线（Token－Bus）等。介质访问控制方法决定了局域网的主要性能，它对局域网的响应时间、吞吐量和网络利用率等都有十分重要的影响。

3）LLC 子层。

逻辑链路控制（LLC）也是数据链路层的一个功能子层，它构成了数据链路层的上半部，与网络层和 MAC 子层相邻，LLC 在 MAC 子层的支持下向网络层提供服务。可运行于所有 802 局域网和城域网协议之上的数据链路协议被称为逻辑链路控制 LLC。LLC 子层与传输介质无关，它独立于介质访问控制方法，隐藏了各种 802 网络之间的差别，向网络层提供一个统一的格式和接口。

LLC 子层的具体功能包括数据帧的组装与拆卸、帧的收发、差错控制、数据流控制和发送顺序控制等功能，并为网络层提供两种类型的服务：面向连接服务和无连接服务。

4．IEEE 802 标准系列

1980 年以来，许多国家和国际标准化组织都积极进行局域网的标准化工作。其中影响较大的是 IEEE 802 标准系列。

IEEE 802 标准为局部区域和都市区域的数据通信网络提供了建立公共接口和协议的技术规范。它定义了几种介质访问技术规范，然后用一种逻辑链路控制标准与之相联系，在逻辑链路控制标准之上又定义了一个网络互联标准，与之上下相适配，图 1.4－15 描述了 IEEE 802 系列标准及相互之间的关系。

图 1.4－15　IEEE802 标准

5．局域网介质访问控制方法

不论是是总线型网、环型网还是星型网，都是同一传输介质中连接了多个站，而局域网中所有的站都是对等的，任何一个站都可以和其他站通信，这就需要有一种仲裁方式来控制各站使用介质的方法，这就是所谓的"介质访问方法"。

介质访问方式是确保对网络中各个节点进行有序访问的一种方法。在共享式局域网的实现过程中，可以采用不同的方式对其共享介质进行控制。常用的介质存取方法包括带有冲突检测的载波侦听多路访问（CSMA/CD）方法、令牌总线（Token－Bus）方法、以及令牌环（Token－Ring）方法。

目前最流行的局域网 — 以太网（Ethernet）使用的就是（CSMA/CD）介质访问控制方法，而 FDDI 网则使用令牌环介质访问控制方法。

(1)CSMA/CD 介质访问控制方法

总线型局域网中,所有的节点都直接连到同一条物理信道上,并在该信道中发送和接收数据,因此对信道的访问是以多路访问方式进行的。

CSMA/CD 协议起源于 ALOHA 协议,是 Xerox(施乐)公司吸取了 ALOHA 技术的思想而研制出的一种采用随机访问技术的竞争型媒体访问控制方法,后来成为 IEEE802 标准之一即 MAC 的 IEEE802 标准。

CSMA/CD 协议的工作过程为:由于整个系统不时采用集中式的控制方式,且总线上每个节点发送信息要自行控制,所以各个节点在发送信息之前,首先要侦听总线上是否有信息在媒介体上传送,若有,则其他各节点不发送信息,发免破坏传送,若侦听到总线上没有信息传送,则可以发送信息到总线上。当一个节点占用总线发送信息后,要一边发送一边检测总线,看是否有冲突产生。发送节点检测到冲突产生后,就立即停止发送信息,并发送强化冲突息号,然后采用某种算法等待一段时间后再重新侦听线路,准备重新发送该信息。CSMA/CD 协议的工作流程图 1.4—16 所示 。

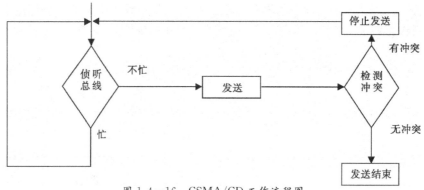

图 1.4—16 CSMA/CD 工作流程图

对 CSMA/CD 协议的工作过程通常可以概括为"先听后发、边听边发、冲突停发、随机重发"。

冲突产生的原因可能是在同一时刻两个节点同时侦听到线路"空闲",又同时发送信息所以产生了冲突,使数据发送失败。也可能是一个节点刚刚发送信息,还没有传送到目的节点,而另一个节点检测到线路空闲,将数据发送到总线上,导致冲突的产生。CSMA/CD一般应用于总线型网络或用于信道使用半双工的网络环境,对于使用全双工的网络环境无需采用这种介质访问控制技术。

CSMA/CD 控制方式的优点是:原理比较简单,技术上易实现,网络中各工作站处于平等地位 ,不需集中控制,不提供优先级控制。但在网络负载增大时,发送时间增长,发送效率急剧下降。

(2) 令牌环介质访问控制方法

令牌环访问控制方法的主要原理是:使用一个称之为"令牌"的控制标志(令牌是一个二进制数的字节,它由"空闲"与"忙"两种编码标志来实现,既无目的地址,也无源地址),当无信息在环上传送时,令牌处于"空闲"状态,它沿环从一个工作站到 另一个工作站不停地进行传递。当某一工作站准备发送信息时,就必须等待,直到检测并捕获 到经过该站的令牌为止,然后,将令牌的控制标志从"空闲"状态改变为"忙"状态,并发送出一帧信息。其他的工作站随时检测经过本站的帧,当发送的帧目的地址与本站地址相符时,就接收该帧,待复制完毕再转发此帧,直到该帧沿环一周返回发送站,并收到接收站指向发送站的肯定应签信息时,才将发送的帧信息进行清除,并使令牌标志又处于"空闲"状态,继续插入环中。当另一个新的工作站需要发送数据时,按前述过程,检测到令牌,修改状态,把信息装配成帧,进行新一轮的发送。令牌环的工作原理如图1.4-17所示。

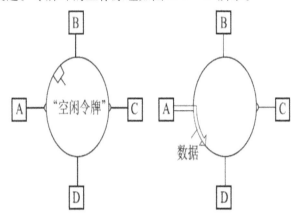

图 1.4-17 令牌环的工作原理

　　与 CSMA/CD 不同,令牌传递网是延迟确定型网络。也就是说,在任何站点发送信息之前,可以计算出信息从源站到目的站的最长时间延迟。这一特性及令牌环网其他可靠特性,使令牌环网特别适合于那些需要预知网络延迟和对网络的可靠性要求高的应用。

　　(3)令牌总线介质访问控制方法

　　前面介绍的 CSMA/CD 媒体访问控制采用总线争用方式,具有结构简单,在轻负载下延迟小等优点,但随着负载的增加,冲突概率增加,性能明显下降。采用令牌环媒体访问控制具有重负载下利用率高,网络性能对距离不敏感,以及具公平访问等优越性能。但环形网结构复杂,以及存在检错可靠性等问题。令牌总线媒体访问是在综合上面两种媒体访问控制优点的基础上形成一种媒体访问控制方法。IEEE802.4 标准就是提出了令牌总线的媒体访问控制方法。

　　令牌总线访问控制方法的工作原理是:令牌总线访问控制是将物理总线上的站点构成一个逻辑环,每一个站都在一个有序的序列中被指定一个逻辑位置,而序列中最后一个成员又跟着第一个成员,每个站都知道在它之前和在它之后的站标识,如图1.4-18所示。

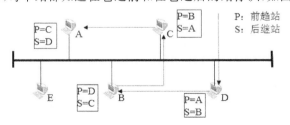

图 1.4-18 令牌总线访问控制方法的工作原理

从图 1.4-18 可看出,在物理结构上它是一个总线结构局域网,但是,在逻辑结构上,又成了一种环型结构的局域网。和令牌环一样,站点只有取得令牌,才能发送帧,在令牌在逻辑环上依次(A→D→B→C→A)传递。

在正常运行时,当站点做完该做的工作或者时间终了时,它将令牌传递给逻辑序列中的下一个站。从逻辑上看,令牌是按地址的递减顺序传至下一个站点,但从物理上看,带有目的地址的令牌帧广播到所有的站点,当目的站识别出符合它的地址,即把该令牌帧接。应该指出,总线上的实际顺序与逻辑顺序并无关系。

令牌总线介质访问控制方法的特点是:

1)令牌总线不可能产生冲突。

2)站点有公平的访问权。

3)每个站点发送帧的最大长度可以加以限制。

6. 以太网

以太网最初是由 Xerox 公司研制而成的,并且在 1980 年由 DEC 公司和 Xerox 公司共同使之规范成形。后来它被作为 802.3 标准为电气与电子工程师协会(IEEE)所采纳。

以太网的基本特征是采用载波监听多路访问/冲突检测(CSMA/CD)的介质访问控制方式,即多个工作站都连接在一条总线上,所有的工作站都不断向总线上发出监听信号,但在同一时刻只能有一个工作站在总线上进行传输,而其他工作站必须等待其传输结束后再开始自己的传输。冲突检测方法保证了只能有一个站在电缆上传输。早期以太网传输速率为 10 Mbps。

(1)传统以太网

1)10Base—5 网络。

10Base—5 是原始的以太网标准,使用直径 10 mm 的 50 欧姆粗同轴电缆,总线拓扑结构,站点网卡的接口为 DB—15 连接器,通过 AUI 电缆,用 MAU 装置栓接到同轴电缆上,末端用 50 欧姆/1 W 的电阻端接(一端接在电气系统的地线上);每个网段允许有 100个站点,每个网段最大允许距离为 500 m,网络直径为 2500 m,既可由 5 个 500 m 长的网段和 4 个中继器组成。利用基带的 10 M 传输速率,采用曼彻斯特编码传输数据。

2)10Base—2 网络。

10Base—2 是为降低 10Base—5 的安装成本和复杂性而设计的。使用廉价的 R9—58 型 5 欧姆细同轴电缆,总线拓扑结构,网卡通过 T 形接头连接到细同轴电缆上,末端连接 50 欧姆端接器;每个网段允许 30 个站点,每个网段最大允许距离为 185 m,仍保持10Base5 的 4 中继器/5 网段设计能力,允许的最大网络直径为 5×185=925 m。利用基带的 10 M 传输速率,采用曼彻斯特编码传输数据。与 10Base—5 相比,10Base—2 以太网更容易安装,更容易增加新站点,能大幅度降低费用。

3)10Base—T 网络。

10Base—T 是 1990 年通过的以太网物理层标准。10Base—T 使用两对非屏蔽双绞线,一对线发送数据,另一对线接收数据,用 RJ—45 模块作为端接器,星形拓扑结构,信号频率为 20 MHz,必须使用 3 类或更好的 UTP 电缆;布线按照 EIA568 标准,站点—中继器和中继器—中继器的最大距离为 100 m。保持了 10Base5 的 4 中继器/5 网段的设计能力,使 10Base—T 局域网的最大直径为 500 m。10Base—T 的集线器和网卡每 16 秒就发出"滴答"(Hear—beat)脉冲,集线器和网卡都要监听此脉冲,收到"滴答"信号表示物理连接已建立,10Base—T 设备通过 LED 向网络管理员指示链路是否正常。

（2）高速以太网

世界上使用最普遍的局域网就是以太网。但传统的以太网 10 Mbps 的传输输率在多方面都限制了其应用。特别是进入 20 世纪 90 年代,随着多媒体信息技术的成熟和发展,对网络的传输速率和传输质量提出了更高的要求,10 Mbps 网络所提供的网络带宽难以满足人们的需要。于是,国际上一些著名的大公司便联合起来研究和开发新的高速网络技术。几年来相继开发并公布的高速以太网技术有 100 Mbps 以太网、1000 Mbps 以太网和 10 Gbps 以太网技术,IEEE802 委员会对这些技术分别已经进行了或正在进行着标准化工作。

7. 虚拟局域网

在传统的局域网中,通常一个工作组是在同一个网段上,多个逻辑工作组之间通过实现互联的网桥或路由器来交换数据,当一个逻辑工作组的结点要转移到另一个逻辑工作组时,就需要将节点计算机从一个网段撤出,连接到另一个网段上,甚至需要重新进行布线。因此逻辑工作组的组成就要受节点所在网段的物理位置限制,所以我们提出了虚拟局域网的概念。

（1）虚拟局域网的基本概念

所谓虚拟局域网(VLAN:Virtual LAN)就是将局域网上的用户或节点划分成若干个"逻辑工作组",逻辑组的用户或节点可以根据功能、部门、应用策略等因素划分,不需考虑所处的物理位置。此种网络是建立在交换技术基础上,并以软件方式来实现逻辑工作组的划分与管理。其结构一般如图 1.4—19 所示。

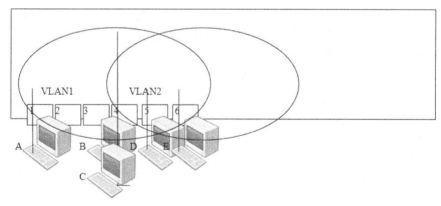

图 1.4—19　虚拟局域网的结构

（2）虚拟局域网的实现技术

虚拟局域网技术允许网络管理者将一个物理 LAN 逻辑地划分成不同的广播域,即 VLAN。每个 VLAN 都包含一组有着相同需求或特性的计算机工作站,与物理上形成的局域网有着相同的属性。由于它是逻辑的而不是物理的划分,所以同一 VLAN 内的各个工作站结点无须局限在同一物理空间下,一个 VLAN 内部的广播和组播都不会发到其他的 VLAN 中。

VLAN 是以交换以太网为基础的,它在以太网帧的基础上增加了 VLAN 头,用"VLAN ID"将用户划分为更小的工作组,每个工作组就是一个虚拟局域网。

目前,虚拟局域网有四种实现技术:基于端口的虚拟局域网、基于 MAC 地址的虚拟局域网、基于第三层协议的虚拟局域网和基于用户使用策略的虚拟局域网。

1)基于端口实现的 VLAN。基于端口的 VLAN 是划分虚拟局域网最简单也是最常用的方法。网络管理员只需要管理和配置交换端口,而不管交换端口连接什么设备。属于同一 VLAN 的端口可以不连续,同时一个 VLAN 可以跨越多个以太网交换机。

2)基于 MAC 地址的 VLAN。这种实现方式是根据每个主机的 MAC 地址来划分 VLAN。这种划分方法的最大优点就是当用户物理位置移动或端口改变时,不用重新配置 VLAN。

3)基于第三层协议的 VLAN。基于第三层的 VLAN 是采用路由器中常用的方法,即根据每个主机的网络层地址或协议类型来划分。尽管这种划分是根据网络地址,但它不是路由,与网络层的路由毫无关系。

4)基于用户使用策略的 VLAN。基于用户使用策略的 VLAN 是一种比较灵活有效的 VLAN 划分方法。该方法的核心是采用什么样的策略。目前常用的策略有:按 IP 地址、按网络应用等。

8. 无线局域网技术

（1）无线局域网概述

随着无线局域网（Wireless Lan,WLAN）技术的发展,人们越来越深刻地认识到,无线局域网不仅能够满足移动和特殊应用领域网络的要求,还能覆盖有线网络难以涉及的范围。无线局域网以微波、激光与红外线等无线光波作为传输介质,以此来部分或全部代替传统局域网中的同轴电缆、双绞线与光纤,实现了移动计算网络中移动结点的物理层与数据链路层功能,并为移动计算网络提供物理网接口。

无线局域网在室外主要有以下几种结构:点对点型、点对多点型、多点对点型和混合型。

1)点对点型。该类型常用于固定的要联网的两个位置之间,是无线联网的常用方式,使用这种联网方式建成的网络,优点是传输距离远,传输速率高,受外界环境影响较小。

2)点对多点型。该类型常用于有一个中心点,多个远端点的情况下。其最大优点是组建网络成本低、维护简单;其次,由于中心使用了全向天线,设备调试相对容易。该种网络的缺点也是因为使用了全向天线,波束的全向扩散使得功率大大衰减,网络传输速率低,对于较远距离的远端点,网络的可靠性不能得到保证。

3)混合型。这种类型适用于所建网络中有远距离的点、近距离的点,还有建筑物或山脉阻挡的点。在组建这种网络时,综合使用上述几种类型的网络方式,对于远距离的点使用点对点方式,近距离的多个点采用点对多点方式,有阻挡的点采用中继方式。

无线局域网的室内应用则有以下两类情况:①独立的无线局域网;②非独立的无线局域网。

（2）无线局域网的结构

根据不同局域网的应用环境与需求的不同,无线局域网可采取不同的网络结构来实现互联。常用的具体有如下几种:

1）网桥连接型：不同的局域网之间互联时，由于物理上的原因，若采取有线方式不方便，则可利用无线网桥的方式实现二者的点对点连接，无线网桥不仅提供二者之间的物理与数据链路层的连接，还为两个网的用户提供较高层的路由与协议转换。

2）基站接入型：当采用移动蜂窝通信网接入方式组建无线局域网时，各站点之间的通信是通过基站接入、数据交换方式来实现互联的。各移动站不仅可以通过交换中心自行组网，还可以通过广域网与远地站点组建自己的工作网络。

3）HUB接入型：利用无线Hub可以组建星型结构的无线局域网，具有与有线Hub组网方式相类似的优点。在该结构基础上的WLAN，可采用类似于交换型以太网的工作方式，要求Hub具有简单的网内交换功能。

4）无中心结构：要求网中任意两个站点均可直接通信。此结构的无线局域网一般使用公用广播信道，MAC层采用CSMA类型的多址接入协议。

无线局域网可以在普通局域网基础上通过无线Hub、无线接入站（AP）、无线网桥、无线Modem及无线网卡等来实现，其中以无线网卡最为普遍，使用最多。无线局域网的关键技术，除了红外传输技术、扩频技术、网同步技术外还有一些其他技术，如：调制技术、加解扰技术、功率控制技术和节能技术。

9. FDDI网络

（1）FDDI的主要技术指标

FDDI是一个高性能网络，双环最长200 km，传输速率为100 Mbps，网络最多站点数1000个，最大帧长度4500 B，误码率小于2.5×10^{-10}。编码方法4B/5B；介质访问方式为令牌访问（多令牌轮询）；拓扑结构为双环树型；传输介质为光纤、双绞线等。

（2）FDDI网络的结构

FDDI采用单模或多模光纤传输介质，双环结构（两根光纤构成两条封闭的环路，主环和副环），这是FDDI网络的骨干结构。两环中信息流动方向相反。组成FDDI网络有多类站点：A类站（双连站），B类站（单连站）。双连站点有集线器、路由器、交换机等。FDDI网络可互连以太网、令牌环网和令牌总线网等。组成FDDI网络有多类站点：A类站（双连站），B类站（单连站）。双连站点有集线器、路由器、交换机等。

（3）FDDI的特性和应用

由于FDDI采用了光纤作为传输介质，同时又增加了容错处理能力，从而使其具有了很多的优越性，具有速度高、容量大、传输距离远和可靠性高等特点。

无论是在主干网还是端网的应用方面，FDDI都有很广泛的应用，FDDI可用于主干网络，也可用于后端网络和前端网络。

三、任务拓展

1. 课内学习任务

画出所在的学校或单位使用的网络设备连接图。

2. 课外学习任务

（1）了解常见广域网技术；

（2）了解常见广域网设备。

任务五　广域网技术

一、任务描述

1. 知识型工作任务

（1）了解广域网的特点、服务类型及实现方式；

（2）了解常见的广域网设备；

（3）掌握若干典型的广域网协议和技术，包括 PPP、ISDN、ATM、帧中继和 SDH 技术等；

（4）了解 CERNET。

2. 技能目标

识别常见的广域网设备。

3. 教学组织形式

（1）学生角色:网络公司职员或网络管理人员。

（2）教学过程:在网络工程实训室或网络公司或某小型企业进行教学,学生扮演网络公司职员或网络管理人员,教师扮演资深网络管理人员针对广域网体系结构进行认知训练。

二、任务实施

1. 广域网概述

广域网（WAN,Wide Area Network）也称远程网。通常跨接很大的物理范围,所覆盖的范围从几十公里到几千公里,它能连接多个城市或国家,或横跨几个洲并能提供远距离通信,星城国际性的远程网络。广域网一般由主机（资源子网）和通信子网组成。广域网示意图如图 1.5－1 所示。

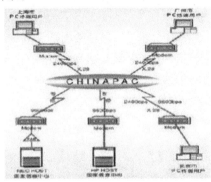

图 1.5－1　广域网示意图

广域网的通信子网主要使用分组交换技术。广域网的通信子网可以利用公用分组交换网、卫星通信网和无线分组交换网,它将分布在不同地区的局域网或计算机系统互连起来,达到资源共享的目的。广域网主要有适应大容量与突发性通信的要求、适应综合业务服务的要求、开放的设备接口与规范化的协议、完善的通信服务于网络管理等特点。

2.公共数据通信网

一般广域网的通信子网都是由公共数据通信网承担。通常,公共数据通信网是由政府的电信部门建立和管理的,这也是区别于局域网的重要标志之一。许多国家的电信部门都建立了自己的公用分组交换网、数字数据网、综合业务数字网和帧中继网等,以此为基础提供电路交换数据传输业务、分组交换数据传输业务、租用电路数据传输业务、帧中继数据传输业务和公用电话网数据传输业务。

常用的公共网络系统有公用电话交换网 PSTN、分组数据交换网 X.25 网、帧中继网(FR 网)、数字数据网 DDN、综合业务数字网 ISDN 和异步传输模式 ATM 等。

公共数据通信网主要提供三种通信服务:

①电路交换服务:适合传输实时性要求高的信息,如语音信息、视频信息;

②分组交换服务:传输数据和多媒体信息;

③租用线路或专线服务:专用线路任意组合可传输语音、数据、传真信息。但租用专线独占线路,因此传输费用高。

(1)公用电话交换网

1)公用电话交换网的概念。

公用电话交换网是最早建立的一种大型通信网络,即我们日常生活中常用的电话网。PSTN 是向社会提供电话通信服务的公共网络系统,是国家公用通信基础设施之一,由国家电信部门统一建设、管理和运营。

PSTN 是以模拟技术为基础的电路交换网络。两数字站通信时要借助于 MODEM实现。使用电路交换方式,双方建立连接后独占该模拟信道,其他用户不可用。

2)公用电话交换网的作用和特点。

PSTN 主要作用就是通过程控交换机之间的连接实现用户之间在国际国内范围的语音和数据通信。PSTN 主要提供电话通信服务,同时也提供数据业务,如电报、传真、数据交换、可视图文等。在和因特网的关系上,PSTN 提供了因特网相当一部分的长距离基础设施。

PSTN 的特点:实时性好,租用费用低,入网方式简便灵活;无存储转发,带宽有限,难于实现不同速率设备之间的传输。

3)PSTN 的组成。

从功能角度看,PSTN 由国际交换局、长途交换局、中心交换局、端交换局和用户等层次构成;从从通信的覆盖面看,PSTN 又可分成市话通信网、国内长途通信网和国际电话通信网三类。

从系统构成角度看,PSTN 由以下几部分组成:

① 交换设备 ;② 传输媒体;③ 用户设备;④ 信令系统。

(2)分组数据交换网

分组数据交换网是一种采用分组交换技术实现的数据通信网。它提供的网络功能相当于 OSI 参考模型的低三层的功能。ITU－T 的 X.25 标准就是针对分组交换网制订的,因此此类网络也叫 X.25 网。

1) X.25 协议。

分组交换网诞生于上世纪 70 年代,是一个以数据通信为目标的公共数据网。X.25 协议是一个 DTE 对 PDN 的接口规范。

X.25 接口分为三个层次:最下面的是物理层,其接口标准是 X.21 协议;第二层是数据链路层,其接口标准是 HDLC(高级数据链路控制协议)的一个子集;第三层是分组层,该层提供的网络服务是虚电路服务。

2) 中国的公用分组交换网(Chinapac)。

中国的公用分组交换网由原邮电部组建的以 X.25 为基础、可以满足不同速率、不同型号 DTE 及 LAN 之间通信和资源共享的计算机通信网。全网由全国中心城市 32 个中转和汇接中心的交换机组成,1993 年底投入运行。Chinapac 结构示意图如图 1.5－2 所示。

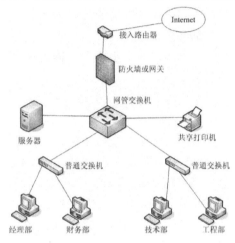

图 1.5－2　Chinapac 结构示意图

(3)数字数据网 DDN

数字数据网(Digital Data Network)一种利用数字信道以(光纤、数字微波、卫星)和数字复用技术提供半永久性连接的,以传输数据信号为主的,为用户提供专用的、支持点到点高速传输的数字传输网络。DDN 本身是一种数据传输网,支持任何通信协议,使用何种协议由用户决定(X.25 或帧中继)。

DDN 的特点:支持数据、语音、图像等信息传输;传输速率高,时延小;传输质量高,信道利用率高。

DDN 的应用:DDN 以全数字、高速率和灵活的功能为用户提供大容量的数据通信平台,也为用户建立自己的专用数据网提供了方便。可支持 LAN 互连、多媒体信息传输、虚拟专用网及用户建立自己的话音网、数据网和电视电话专用网等。

中国的 DDN 是由数十万条光缆为主体构成的数字数据网络。它采用时分多路复用技术把支持数字信息高速传输的光纤信道划分为多个子信道。

DDN 与 X.25 的区别如表 1.5－1 所示。

DDN	X25
不具备交换功能	分组交换网
是一个全透明的数据网络	本生有三层协议，只对系统高层协议透明
提供点对点的非交换型的为用户独占的永久型虚电路	用呼叫建立临时虚电路
在用户速率小于64Kb/s时采用子速率复用技术；在用户速率大于64Kb/s时采用时分复用技术。	具有协议转换、速度匹配等功能
按固定月租收费	按通信字节收费

图 1.5－1　DDN 与 X.25 的区别

（4）帧中继网

帧中继网络是 1992 年推出、1994 年得以发展的一种新型公用数据交换网标准，并已获得 ANSI 和 ITU－T 的批准。帧中继和 X.25 属于相同类型的标准，但帧中继是一种可变帧长的快速分组交换技术。

1）帧中继技术原理。

当分组到达节点时，直接"穿越"节点被转接到输出链路上，减少和避免节点对分组的存储和处理时间。而将网络节点的差错控制、流量控制和纠错重发等处理放在终端系统进行。

2）帧中继特点。

① 具有统计时分复用和虚电路的优点。

② 简化了网络功能，减少了网络开销，因此提高了数据传输速率，降低了网络延迟，增大了网络吞吐量（向用户提供 64 kbps～2.048 Mbps，甚至 10 Mbps 的接入速率，最多可达 45 Mbps）。

③ 帧中继的帧长度可变（1.6～2kB），比 X.25 长，非常适合 LAN 业务。

④ 提供动态的带宽管理和差控机制，适于传输突发性数据。

⑤ 采用面向连接的虚电路方式，可提供交换式虚电路和永久性虚电路业务。

3）帧中继层次结构。

帧中继网络在链路层和网络层，只保留了帧检错功能，遇到有差错的帧就简单地抛弃，而不进行差错纠正、重发和流量控制等，这些相应的功能由端系统实现。因此，帧中继简化掉了分组级（网络层），并简化了链路层功能。帧中继网络体系结构也比 OSI/RM 简单

帧中继标准只提供链路层和物理层的规格参数，而它独立于高层协议，因此，可以利用现有的网络设备实现帧中继业务。

4）帧中继的帧格式。

帧中继的帧格式与 HDLC 相似，但无控制字段，因此，帧中继只有数据帧。标志字段与 HDLC 相同；地址字段较复杂，由 2 个字节组成；信息字段长度可变，说明帧中继帧的

长度是可变的;FCS 字段构成与 HDLC 同,但只能检错,无纠错功能。

5)帧中继的应用。

帧中继业务应用十分广泛,以下是几个实际中应用的永久性虚电路业务的例子:① 图像传输;② 虚拟专用网。

帧中继是简化的分组交换技术,其设计目标是为传输面向协议的用户数据。经过简化的技术在保留了传统分组交换技术的优点的同时,大幅度提高了网络的吞吐量。因此,帧中继具有可减少传输设备与费用、提供高性能、缩短响应时间等优点。

(5)综合业务数字网

综合业务数字网(Integrated Service Digital Network)是一种由交换机和数字信道构成,可提供语音、数据、图像等综合业务信息传输的数字通信网络。它可以使用户通过一条通信线路获得各种电信服务。

ISDN 有三个基本特征:① 端到端的数字连接;② 综合的业务;③ 标准的入网接口(两种速率标准——基本速率和基群速率)。

国际电信联盟远程通信(ITU-T 在 N-ISDN 基础上提出宽带 ISDN(B-ISDN) 的系列建议,它是一种信道速率超过主群接口速率的系统。

B-ISDN 以光纤为传输介质,传输速率可达 155 Mbps、622 Mbps ,甚至高达几 Gbps。各种不同速率业务都能以同样的方式在 B-ISDN 网络中传输。为了实现 B-ISDN 功能,ITU-T 定义了一种新型的快速传输技术——异步传输模式 ATM 作为其核心技术。B-ISDN 也是将各种业务(如语音、数据、图像、动画等)综合在一个网络中传输,它包含 N-ISDN 的所有业务功能。

B-ISDN 和 ISDN 有以下一些主要区别:

1) 传输带宽差别很大:ISDN 只能向用户提供 2M bps 以下的业务;而 B-ISDN 可支持数 Gbps 的业务。

2) 网络硬件基础不同:ISDN 是以电话网络为基础的,用户采用双绞线;而 B-ISDN 网络的环路和干线都是采用的光纤介质。

3) 交换方式不同:ISDN 主要使用的是电路交换(只在传输信令的 D 通道使用分组交换)技术,采用的是同步传输模式 STM;而 B-ISDN 则使用一种快速分组交换技术,采用的是异步传输模式。

4) 传输速率不同。ISDN 各种通路的比特率是事先预定好的;而 B-ISDN 使用的是虚通路概念,其比特率不预先确定,其上限仅受 UNI 接口的物理比特率限制,155Mbps 可支持高清晰度电视的需求;622Mbps 的用户线路速率可支持一个或多个交互性的分布式服务。

(6)异步传输模式网(ATM)

1)ATM 概述。

ATM 是 1990 年由 ITU-T 公布的快速交换技术,并将其作为 B-ISDN 的信息传输方式。但由于其复杂程度高,首先被用于 LAN。

ATM 技术建立的网络可以提供高速交换方式,减少节点时延,支持和集成所有类型的服务。在一定程度上解决了高速化和宽带化问题。

　　ATM 网络技术主要目标是高速化(低时延)、综合化(综合业务通信)和适应不同速率业务服务。ATM 是实现 B－ISDN 的核心技术。实际上 ATM 是一种快速交换技术，它是建立在电路交换和分组交换基础上的传输模式。ATM 集交换(信元交换)、复用(异步时分复用)和传输(异步传输，虚电路方式)技术为一体。

　　ATM 具有如下特点：① 面向连接的快速(信元)交换；② 综合了线路交换——实时性好(节点延迟小)和分组交换——灵活性好(动态分配网络资源)的优点；③ 支持不同速率的数据传输，满足实时性业务和突发性业务要求；④ 支持多媒体信息传输(业务综合化)；⑤ 服务质量 QoS 高。

　　2) ATM 信元。

　　① 信元结构。ATM 以信元为基本信息传输单位。信元是一种短的固定长度的数据分组，由信元头和信元体组成。

　　UNI 信元头部各字段的作用如下：

　　GFC：一般流量控制：又称多址访问控制，当多个用户终端连接到 ATM 交换机的同一链路，用 GFC 标志不同用户，支持点到多点访问。只用于 UNI 接口。

　　VPI 虚通路标志符和 VCI 虚通路标志符：VPI 和 VCI 一起标志传送 ATM 信元的逻辑通道，用它们可以把一条物理链路分为若干个逻辑通道，建立虚通路和虚通道。

　　PTI：承载类型指示。用于指明信元中的信息域的类型。

　　CLP：信元优先丢弃位。当网络阻塞时，首先丢弃 CLP 等于 1 的信元。

　　HEC：信头差错控制。用来检测信头中的错误，可纠一位错，检多位错，在物理层实现。

　　② 信元种类。普通信元：承载用户信息；信令信元：承载控制信息；维护信元：承载运行和维护信息；空闲信元：填充空闲信道

　　3) ATM 交换原理。

　　ATM 虽然用信元作为信息转移的基本单位，但仍然是一种面向连接的转移模式。各信元在网络内的流动不是独立的，它们以连接为单位进行路由选择。为便于管理，ATM 的虚电路被分为两个级别：虚通路 VC(Virtual Channel)和虚通道 VP(Virtual Path)。相应的连接有 VC 连接(VCC)和 VP 连接(VPC)，每个连接都由转移点和点与点之间的链路(Link)构成。用户终端一般是 VCC 的端点，而在 VCC 的转移点要实现 VC 交换或交叉连接。VCC 的转移点一般又是 VPC 的端点，在 VPC 的转移点要实现 VP 交换或交叉连接。

　　4) ATM 网络及应用。

　　ATM 网络由 ATM 交换机、中继线、用户线、用户接入设备(B－NT、B－TA)及各种用户终端设备组成。用户线、中继线主要用光纤传输介质，采用 SDH(STM－1，STM－4，STM－16)的物理传输通路。除了传输用户信息以外，还要传输控制和管理信息。控制信息又称为信令。ATM 网络完整的信令系统包括用户－网络信令(UNI 信令)和网络内部结点间信令(NNI 信令)。从当前看，ATM 可应用于如下四个方面：

　　① ATM LAN，用于计算机工作站、高速或多媒体计算机之间的联网，提供高速数据和视频更信业务。

② 作为骨干网络或中继网络,实现 LAN、PABX、WAN 等的互连以便于实现现有网络的互通。

③ 现有大型数字程控交换机中的宽带 ATM 交换模块,支持高速数据和视频通信业务,而电话业务仍由原有的 64Kbps 电路交换模块提供,便于现有电话网与宽带网的共存,并逐步向 B—ISDN 过渡。

④ 在将来的 B—ISDN 中,作为其统一的信息转移模式。鉴于现有电话网、数据网是一笔巨大的资产,不可能很快淘汰,而 ATM 也存在着如何经济地支持电话业务等问题,B—ISDN 的普遍实现还需要经历相当长的时间。

综上所述,ATM 网络具有高效率、高带宽、低延迟、高服务质量、独立带宽及按需动态分配带宽等特点,能够充分满足不断增长的数据、语音和视频等通信业务的发展需要。

3.广域网通信设备

(1)调制解调器

调制解调器用于把数字信号调制成模拟信号发送,或将接收的模拟信号解调回数字信号。

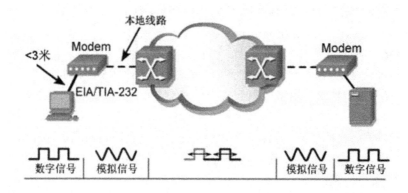

图 1.5－3　如图 1.5－3 所示

调制解调器在下列两种情况下需要使用:在有限频宽的电缆中传输数字信号;频分多路复用。

最典型的有限频宽的电缆是电话线电缆。电话线电缆的频带宽度是 2 MHz 左右,而目前的数字信号的频宽从 8 MHz 到 80 MHz,均大于电话线电缆能够传输的频率。因此,直接将数字信号放到电话线电缆上是无法传输的。

为了在电话线电缆上传输数字信号,就需要使用调制解调器把电压表示的 0、1 数字信号,转换为用其他方式表示 0、1 的模拟信号。调制解调器可以用正弦波的频率、幅值和相位三种不同的方法来表现 0、1 信号。

调制解调器用正弦波的频率表示 0、1 信号时,发送端的调制解调器可以用一个频率(如 1.5 kHz)表示 0,用另外一个频率(如 2.5 kHz)表示 1,如图 1.5－4 所示。接收端的调制解调器根据信号的频率就能识别目前接收的是 0 还是 1。而 1.5 kHz 的正弦波信号和 2.5 kHz 的都落在电话线电缆的频率响应范围内,数字信号就可以利用这种调频的正弦波就可以使用电话线电缆进行传输了。

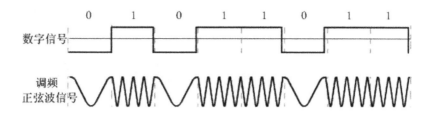

图 1.5－4 信号调频

上述这样利用正弦波的频率变化来表示数字信号,而幅值不变的方法,称为调频,信号调频如图 1.5－4 所示。

利用正弦波信号的幅值也可以表现 0、1 数字信号,如图 1.5－5 所示。与调频不同,调幅时的调制解调器不改变正弦波信号的频率,而是改变自己的幅值,用较高和较低的幅值来表现 0、1 数字信号。

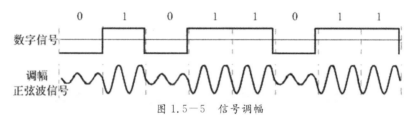

图 1.5－5 信号调幅

调相也是一种常用的信号调制方法。正弦波信号的相位同样也可以表现 0、1 数字信号。从图 1.5－6 可见,当正弦波信号自采样点开始首先由零向正方向变化称为正相位,表示数字 0;那么正弦波信号自采样点开始首先由零向负方向变化则称为负相位,就可以区别表示数字 0 而表示为 1。

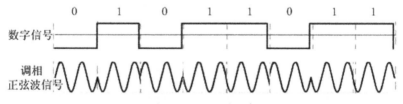

图 1.5－6 信号调相

从图 1.5－6 可以有趣地发现,连续的 1 或连续的 0 在采样点的相位是保持不变的。因此有的教科书上解释调相调制解调器是用相位的突然改变来表示 0 到 1 的变化或 1 到 0 的变化。

使用正弦波,利用其频率、幅值和相位的变化来表示数字 0、1 信号,我们称这样用途的正弦波信号为载波信号。

只要载波信号的频率落在电话电缆的频带内,我们就可以利用载波信号来传输数字信号。

通讯术语中,二进制数字信号转换成模拟正弦波信号的过程称为调制,在接收端将模拟正弦波信号还原成二进制数字信号则称为解调。调制解调器是由调制和解调两个词复合而成的。

在电视电缆中传输数字信号也使用调制解调器，如现在流行的 Cable Modem 技术。我们已经知道，目前的数字信号的频宽都在几十 MHz 左右，而电视电缆的频宽都在 550 MHz 以上，为什么还需要调制解调器呢？这是因为电视电缆除了传输数据以外，还需要传输多路电视节目信号。目前的电视电缆都采用频分多路复用技术来实现在一根电缆中传输多路节目信号，数据信号如果占用太大的带宽，就会影响电视电缆正常传输电视节目。由于数据信号只能使用电视电缆中的部分频带宽度（8MHz），因此依然要使用调制解调器。

电视电缆的数字传输中使用调制解调器，不仅为了降低数字信号所占用的频率宽度，而且也为了把数据信号调制到设定的频段上去。

租用公共数据网络构造广域网，通常需要使用调制解调器。这是因为从公共数据网络到用户端的这段距离，目前都是采用电缆连接的。这样的远距离传输的电缆，其频率宽度都是有限的，必须使用调制解调器来降低信号的带宽才能传输。

DTE 设备与 DCE 设备

在广域网互联中，将各个局域网连接到公共数据网络上，通过公共数据网中的租用线路，就实现了局域网的互联。

局域网与公共数据网络的连接中，局域网的最外端设备通常是路由器，公共数据网络最外端通常是类似 CSU/DSU、调制解调器这样的设备。我们称局域网的最外端设备为 DTE（数据终端设备 Data Terminal Equipment），称公共数据网络的最外端设备为 DCE（数据通讯设备 Data Communication Equipment）。

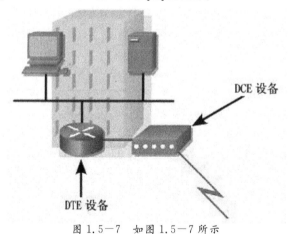

图 1.5－7　如图 1.5－7 所示

DTE 设备和 DCE 设备都放置在用户端。

在与电话公司签订了线路租用合同后，电话公司会铺设自电话公司到用户端的本地线路电缆，并调通自 DCE 设备到电话公司网络的连接。事实上，广域网互联非常简单，我们只需要将自己的 DTE 设备与电话公司的 DCE 设备连接上，然后正确配置 DTE（如路由器），就完成了连接的任务。

图 1.5－8 中的 CSU/DSU 是用在用户与公共数据网使用数字信号传输的设备。如果这段距离使用模拟信号传输，DCE 设备就需要用调制解调器。

DTE 设备与 DCE 设备使用串行连接。在我国，由路由器作为 DTE 来与 DCE 设备

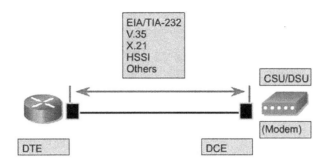

图 1.5－8 DTE 与 DCE 的连接

的连接多使用 V.35 标准,而不是使用我们熟悉的 232 标准(232 标准是 TIA/EIA 发布的,CCITT 也有相同的标准称为 V.24)。

4.广域网通信 PPP 协议

在以太网通讯中,广泛使用 TCP(或 UDP)、IP 与 IEEE 802 三个协议联合完成寻址和通讯控制任务。IEEE 802 是一个局域网的链路层工作协议,不能在广域网中使用。在使用诸如电话网、ISDN 网这样的广域网连接中,需要在链路层使用另外的一个称为 PPP 的协议程序。

在的点对点连接中,发送主机需要在链路层使用 PPP 协议程序来完成链路层的数据封装。控制数据往物理层发送移位寄存器上发送数据的工作,也由 PPP 协议程序来完成。在接收主机,链路层的工作也由 PPP 协议程序承担。

图 1.5－9 是使用电话网或 ISDN 网互联局域网的例子。在这里,发送主机的链路层仍然使用 IEEE 802 协议程序,因为主机直接连接的是以太网络。数据报到达路由器 A 后,路由器 A 将使用 PPP 封装数据报,继续将数据报转发到电话网或 ISDN 网的链路上。在接收方,路由器 B 也将使用 PPP 程序控制从移位寄存器中接收数据报。然后,路由器 B 将用 IEEE 802 程序重新封装数据帧,发送到自己的以太网中,交目标主机接收。

图 1.5－9 使用电话网或 ISDN 网互联局域网

(1)PPP 协议的功能及特点

PPP 协议是一个链路层协议,工作在电话网、ISDN 网这样的点对点通讯的连接上。PPP 是 Point－to－Point Protocol 的缩写,称为点对点连接协议。

PPP 协议因为工作在点对点的连接中,因此具有如下两个特点。

首先,点对点的连接不需要物理寻址。这是因为发送端发送出的数据报,经点对点连接链路,只会有一个接收端接收。在数据传输开始前,数据转发线路已经由电话信令信号沿电话网或 ISDN 网中的交换机建立起来了。开始传送数据后,电话网或 ISDN 网中的交换机不再需要根据报头中的链路层地址判断如何转发。在接收端,也不需要接收主机象以太网技术那样根据链路层地址辨别是否是发给自己的数据报。因此,PPP 协议封装数据报时,不需要再在报头中封装链路层地址。

如图 1.5-10 所示的 PPP 报头中,虽然有地址字段,但是已经是个作废的字段,固定填写 11111111。(这个字段是 PPP 协议继承其前身 HDLC 协议得到的,PPP 协议虽然没有使用这个字段,但是还是在自己的报头中保留了下来。)

图 1.5-10　PPP 报头格式

PPP 协议的第二个特点是,点对点连接的线路两端只有两个终端节点,显然不再需要介质访问控制来避免介质使用冲突。

基于上述两个特点可见,虽然 PPP 协议是个链路层协议,但是它不再需要完成介质访问控制的工作,也不用象以太网需要 MAC 地址一样为数据报封装链路层地址。

这样,PPP 协议程序的基本功能是在点对点通讯线路上取代 IEEE802 协议程序,完成控制数据从内存向物理层硬件(移位寄存器)的发送,和从物理层硬件接收数据的工作。

PPP 协议除了控制数据的发送与接收的基本功能外,由扩大了许多功能,使之非常适合在点对点连接的线路上通讯。这些增强的功能是:连接的建立、线路质量测试、连接身份认证、上层协议磋商、数据压缩与加密等 5 个功能。

综上所述,PPP 协议的功能归纳为:

①连接的建立:通过来、回一对呼叫报文包,建立通讯连接。

②线路质量测试:通过来、回一对或多对测试包,测试线路质量(延迟、丢包等)。

③连接身份认证:通过来、回一对或多个认证包,让被呼叫方确认合法身份。

④上层协议磋商:通过来、回一对或多对磋商包,磋商上层协议的类型。

⑤控制数据的发送与接收:可选择数据压缩与加密

⑥连接的拆除:通过来、回一对呼叫报文包,拆除通讯连接。

(2)PPP 协议的报文格式

如图 1.5-10 所示的 PPP 报文格式中:

标记 Flag 字段(长度:1 字节):一个字节 01111110 的二进制序列,标明一帧数据的开始。

地址 Address 字段(长度:1 字节):PPP 没有使用这个字段,放置一个固定的广播地址 11111111。

控制 Control 字段(长度:1 字节):PPP 也没有使用这个字段,放置一个固定数值 00000011。这个也是一个继承 PPP 前身 HDLC 协议的字段。在 HDLC 协议中使用这个字段来放置帧序号来完成出错重发任务,而 PPP 协议放弃了出错重发任务,把这个工作留给 TCP 协议去完成。HDLC 协议中还使用这个字段来放置流量控制等控制码等信息。

上层协议 Protocol 类型字段(长度:2 字节):这个字段用来指明网络层使用的是哪个协议。如 0x8021 代表上层协议是 IP 协议,0x802b 代表上层协议是 IPX 协议,0xC023 代表上层协议是身份认证 PAP 协议。

数据区(最大长度 1500 字节):存放数据信息。

报尾(长度:2 字节):放置帧校验结果。

(3)PPP 协议的子协议

我们知道,以太网的链路层协议 IEEE 802 是由两个子协议组成:IEEE 802.2 和 IEEE 802.3。其中 IEEE 802.3 程序完成链路层的主体工作,IEEE 802.2 则承担 IEEE 802.3 程序与上层协议程序的接口任务。PPP 协议也是这样,也由两个子协议组成:NCP 和 LCP。LCP 子协议程序完成 PPP 的链路层主体工作,而 NCP 子协议程序则承担 LCP 程序与上层协议程序的接口任务。PPP 的 NCP 和 LCP 子协议如图 1.5-11 所示。

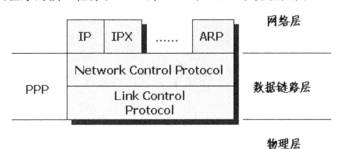

图 1.5-11　PPP 的 NCP 和 LCP 协议

(4)PPP 协议的基本操作

PPP 协议的基本操作分别在 6 个不同的周期内进行:

1)链路建立周期:LCP 程序发送"链路连接建立请求"包,向点对点连接的另一方请求建立连接。对方如果同意建立此连接,则回返一个"链路连接建立响应"包。在请求包应答包中,还携带了一些磋商参数,如:最大报文长度、是否对数据压缩、是否对数据加密、是否进行连接质量检测、是否进行身份认证及使用哪种身份验证协议等。

2)链路质量测试周期:LCP 程序通过发送测试包给对方,待对方回送该测试包,以测试线路质量,如延迟时间、是否丢包等。(这是一个可选周期,在链路建立周期由双方磋商是否需要这个周期。)

3)身份验证周期:这也是个可选的周期。如果在链路建立周期中双方磋商需要这个周期,则 PPP 协议调用身份验证协议程序 PAP 或 CHAP,通过交换报文进行身份验证。如果身份验证失败,PPP 的连接将失败。

4)上层协议磋商周期:在这个周期,由 NCP 程序构造上层协议磋商报文包,发送给对方。这个 NCP 磋商报文包中放置上层协议编码(如 0x8021 表示上层协议是 IP 协议),如对方同意使用邀请使用的上层协议,将在磋商应答报文包中使用相同的上层协议编码。

5)数据发送周期:完成了上述连接建立的工作后,就可以在这个周期内进行数据传输了。这个周期可以持续几分钟,直至几个小时。其间,LCP 程序可以发送"link-maintenance"报文来调整双方的配置,或维持连接。如果在第一个周期中双方磋商对数据进行压缩,以减少数据传送量,则 LCP 程序会对待发送的数据进行压缩后再发送。通常的压缩协议是 Stacker 和 Predictor。

6)连接拆除周期:通讯结束后,任何一方的 LCP 程序都可以使用"连接拆除"报文来终止双方的链接。如果在数据发送周期里线路上长时间没有流量,LCP 程序就会认为对方异常终止,便会自行关闭连接,并通知网络层,以便使其做出相应反应。由此可见,如果是正常情况下在数据发送周期暂时没有数据发送,就必须发送"Keep Alive"报文包,以避免对方自行拆除连接。"Keep Alive"报文包是由 LCP 程序生成并发送的。

在上述各个周期里,点对点连接的双方很容易从 PPP 报头的协议字段分清数据报的类型,如 0xC021 指明数据报是链路层控制协议(LCP)报文。0xC023 指明是 Password Authentication Protocol 密码认证协议报文。0xC025 指明数据报是 Link Quality Report 链路品质报告报文。0xC223 是 Challenge Handshake Authentication Protocol 挑战—认证握手协议报文。而 0x8021 则是真正传送的数据(IP 报)。

三、拓展实训

1. 课内学习任务
(1)了解国内重要的广域网所采用的技术、使用的设备、管理方式等。
(2)画出一个广域网的拓扑图。

2. 课外学习任务
(1)了解你所在部门网络拓扑、使用的网络设备等。
(2)访问思科、锐捷、H3C、Dlink 等公司的网站,了解这些公司的中小企业网络解决方案。

任务六　项目方案设计

一、任务描述

1. 知识型工作任务
(1)掌握网络设计的步骤。
(2)掌握网络方案设计的内容。

2. 技能型工作任务
(1)掌握与用户沟通、分析用户需求的方法。
(2)根据用户的需求,设计网络方案。

3. 教学组织形式
(1)学生角色:网络公司职员或网络管理人员。

（2）教学过程：在网络工程实训室或网络公司或某小型企业进行教学，学生扮演网络公司职员或网络管理人员根据项目方案寻求所需知识，教师扮演客户及技术顾问和学生进行项目交流。学生积极和客户进行交流，技术顾问进行指导，学生最后完成任务。

二、任务实施

网络方案设计是一项综合技能，学会网络方案设计可以成为系统集成的售前工程师。作为一个好的网络方案设计人员或者售前工程师，首先必须具备扎实的网络基础知识，良好的与用户沟通的能力，还有对网络产品性能和价格的熟悉。

1.网络方案设计步骤

网络方案设计大致有以下几个步骤：用户需求分析，形成网络拓扑图，形成方案文档。

（1）用户需求分析

网络方案设计和实施的核心是用户的需求，因此成功与否完全依赖于能否满足用户（教学、科研、行政人员和学生）的需求。在方案设计之前，必须要了解用户对网络信息应用的需求是什么，需求量多少，才能规划建立最理想的网络环境，避免用户抱怨和浪费人力财力。

根据以往的历史经验，用户需求分析应该分为三个阶段。

第一阶段：访谈式。

和用户方的领导层、业务层人员的访谈式沟通，主要目的是大体上了解用户对网络的需求，并尽可能多地了解用户方的组织架构、业务流程、硬件环境、软件环境、现有的运行系统等等具体情况、客观的信息。并确定本网络项目在用户方的负责人和接洽人。

第二阶段："诱导式"。

这一阶段是在承建方已经了解了用户具体实际、客观的信息基础上，结合现有的硬件、软件实现方案，做出简单的用户流程页面，同时结合以往的项目经验对用户采用诱导式、启发式的调研方法和手段，和用户一起探讨业务流程设计的合理性、准确性、便易性。习惯性。

第三阶段："确认式"。

在上述两个阶段成果的基础上，进行具体的流程细化、数据项的确认阶段，此阶段承建方必须提供原型系统和明确的业务流程报告、数据项表，并能清晰地向用户描述系统的业务流设计目标。用户方可以通过审查业务流程报告、数据项表以及操作承建方提供的 DEMO 系统，来提出反馈意见，并对已经可接受的报告、文档签字确认。

操作形式：拜访（回顾、确认），提交业务流程报告、数据项表；原型演示系统。

结果形式：需求分析报告、数据项、业务流程报告、原型系统反馈意见（后三者可以统一归入需求分析报告中，提交用户方、监理方进行确认和存档。

整体来讲，需求分析的三个阶段是需求调研中不可忽视的重要部分，三个阶段或者说三步法的实施和采用，对用户和方案设计方都同样提供了项目成功的保证。当然在系统建设的过程中，特别在采用迭代法的开发模式时，需求分析的工作需要一直进行下去，而在后期的需求改进中，工作则基本集中在后两个阶段中。

（2）网络设计

1)网络方案设计原则，网络设计不仅要考虑用户的需求、经济情况，还要考虑技术的发展，因此在设计时应遵循如下原则：

① 先进性。设计时要立足先进技术，采用最新科技，以适应大量数据传输以及多媒体信息的传输。使整个系统在国内三到五年内保持领先的水平，并具有长远的发展能力，以适应未来网络技术的发展。

作为网络基础设施，日常事务的核心，大量的数据以及多媒体信息不断地在网络上传输。所以，网络系统的可靠性就显得尤为重要。因此，在网络的设计上，应特别注意如何保证网络系统的可靠性，其中包括：

· 网络结构的可靠性：网络的物理连接上应尽量采用双连接，保证连接的可靠性；

· 设备的可靠性：选用的网络设备应具有很好的容错特性及热备份等功能，尽量避免单点失效；

· 网络系统与应用系统接口的可靠性：对于每个接口都要确保它们是兼容的并应用公认的标准；

· 所采用设备应得到世界各地主要用户的认可并以世界上认可的协议开发为基础。

③ 开放性、互连性。网络系统必须是一个支持多种协议和接口的开放式网络，能够与现有的和未来的网络系统互连与集成，能与国家公用网络和国际网络互连，因此该网络系统要有良好的开放性和互连能力。

④ 安全性。根据整个系统可靠性和稳定性的要求，网络的设计必需考虑防止内部及外部非法访问的措施。

⑤ 可管理性。由于网络系统使用多种网络设备，十分复杂，所以需要网络设备具有很好的可管理性，以便于管理和维护。利用先进的网络管理软件，使得可以通过网管工作站监测整个网络的运行状况、合理分配网络资源、动态配置网络负载、迅速确定网络故障位置等。

2)网络方案设计的主体内容。

企业局域网络由主干网、部门局域网、Internet 接入网三个部分组成：

① 主干网设计。目前流行的网络方案设计为三层设计模型，即将网络分为核心层、汇聚层和接入层。

主干网包括网络的核心层和汇聚层，目前主干网大多采用千兆以太网，千兆以太网是一个全面支持网络管理和多媒体通讯的全动态交换式网络。主干网应选用企业级交换机，如思科 Catalyst 5000 系列交换机以及 3Com、Intel、Bay 等公司的高档交换机系列。

② 部门级局域网设计。企业中原有的较小规模的局域网服务器以 100M 速率连接至主干交换机上，部门局域网采用接入层交换机。

③ Internet 接入网设计。Internet 接入系统由快速以太主干网连接部分、防火墙部分、Internet 信息服务部分、用户管理和认证计费部分组成。

（3）形成方案文档。

2. 希望网络公司网络设计

（1）需求分析

① 公司共分五个部门，分别是经理部、财务部、技术部、工程部，其中经理部有 6 台计

算机,财务部有 5 台计算机,技术部有 12 台计算机,工程部有 8 台计算机,经理部和财务部位置比较接近,要求可以很方便互相访问;技术部和工程部位置比较接近要求之间可以方便访问。

② 为了安全起见,要求经理部、财务部和技术部、工程部隔离,不能直接访问,它们之间的数据交流可以通过服务器。

③ 要求各部门数据可以方便共享(财务部门除外),要求公司自己建立网站以便公司为客户提供服务。

④ 要求接入 Internet,实现网站对外服务和内部员工访问互联网。

⑤ 必须保证服务器的安全和内部员工信息的安全。

(2) 方案设计

根据需求进行如下的方案设计:

① 经理部和财务部的计算机接在同一个交换机(非网管或可网管交换机)上,技术部和工程部的计算机接在同一个交换机(非网管或可网管交换机)上。

② 经理部、财务部、技术部、工程部的交换机上连到一台可以网管的交换机上,并划分 VLAN 按要求将它们隔离。

③ 购置一台或多台服务器存储共享或个人资料,并创建公司网站为客户提供服务。

④ 通过 ADSL 或专线接入,从而实现公司网络和互联网的对接。

⑤ 为了保护服务器和员工资料的安全,设计一台防火墙,如果资金有困难可以考虑使用一台 PC 机做网关,将外网和内网隔离。具体的网络拓扑见图 1.6－1。

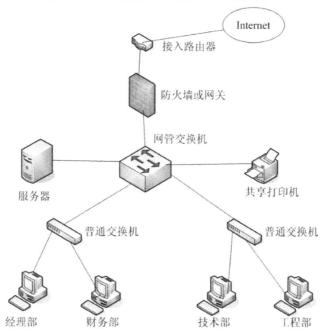

图 1.6－1

(3) 设备选型

学生可以根据实验室现有的网络设备进行设备选型,也可以虚拟选型,并填写表格。

三、任务扩展

1．课内学习任务

（1）了解你所在部门网络拓扑、使用的网络设备等。

（2）画出所在部门网络拓扑图。

2．课外学习任务

（1）上网查询中小企业网络解决方案的例子，并认真学习。

（2）上网查询关于网络布线系统的内容。

任务七　网络布线系统实施

一、任务描述

1．知识型工作任务

（1）了解双绞线的分类和特性。

（2）了解光纤的分类和特性。

2．技能型工作任务

（1）能够根据情况合理选择双绞线。

（2）能使用双绞线连通网络。

（3）能识别主要的光纤和光纤设备。

3．教学组织形式

（1）学生角色：网络公司职员或网络管理人员。

（2）教学过程：在网络工程实训室或网络公司或某小型企业进行教学，学生扮演网络公司职员或网络管理人员根据项目方案完成布线。

二、任务实施

1．双绞线概述

双绞线由两根具有绝缘保护层的铜导线组成。两根线安按照一定的密度相互绞在一起，就可以改变导线的电气特性，从而降低信号的干扰程度。双绞线电缆比较柔软，便于在墙角等不规则地方施工，但信号的衰减比较大。在大多数应用下，双绞线的最大布线长度为 100 米。双绞线分为两种类型：非屏蔽双绞线和屏蔽双绞线。

双绞线采用的是 RJ－45 连接器，俗称水晶头。RJ45 水晶头由金属片和塑料构成，特别需要注意的是引脚序号，当金属片面对我们的时候从左至右引脚序号是 1－8，这序号做网络联线时非常重要，不能搞错。按照双绞线两端线序的不同，我们一般划分两类双绞线：一类两端线序排列一致，称为直连线；另一类是改变线的排列顺序，称为交叉线。

线序如下：

①直通线：机器与集线器连。

A 端：橙白，橙，绿白，蓝，蓝白，绿，棕白，棕；

B 端:橙白,橙,绿白,蓝,蓝白,绿,棕白,棕。

②交叉线:机器直连、集线器普通端口级联

A 端:橙白,橙,绿白,蓝,蓝白,绿,棕白,棕;

B 端:绿白,绿,橙白,蓝,蓝白,橙,棕白,棕。

在进行设备连接时,我们需要正确的选择线缆。我们将设备的 RJ45 接口分为 MDI 和 MDIX 两类(表 1.7-1)。当同种类型的接口通过双绞线互连时,使用交叉线;当不同类型的接口通过双绞线互连时使用直连线。通常主机和路由器的接口属于 MDI,交换机和集线器的接口属于 MDIX。例如,路由器和主机相连,采用交叉线;交换机和主机相连则采用直连线。

	主机	路由器	主机交换机MDIX	交换机MDI	集线箱
主机	交叉	交叉	直连	N/A	直连
路由器	交叉	交叉	直连	N/A	直连
主机交换机MDIX	直连	直连	交叉	直连	交叉
交换机MDI	N/A	N/A	直连	交叉	直连
集线箱	直连	直连	交叉	直连	交叉

表 1.7-1 双绞线连接表

2.制作直连线和交叉线双绞线

步骤 1:准备好 5 类线、RJ-45 插头和一把专用的压线钳(图 1.7-1)。

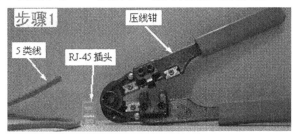

图 1.7-1

步骤 2:用压线钳的剥线刀口将 5 类线的外保护套管划开(小心不要将里面的双绞线的绝缘层划破),刀口距 5 类线的端头至少 2 厘米,如图 1.7-2 所示。

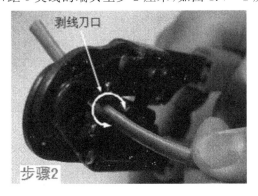

图 1.7-2

步骤 3:将划开的外保护套管剥去(旋转、向外抽),如图 1.7-2 所示。

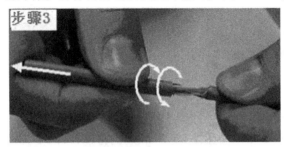

图 1.7-3

步骤 4:露出 5 类线电缆中的 4 对双绞线,如图 1.7-4 所示。

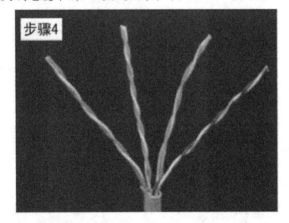

图 1.7-4

步骤 5:按照标准和线缆颜色将导线按规定的序号排好,如图 1.7-5。

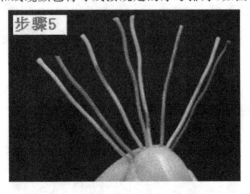

图 1.7-5

步骤 6:将 8 根线缆平坦整齐滴平行排列,导线间不留空隙,如图 1.7-6 所示。

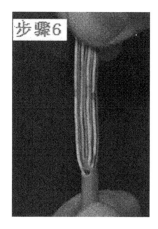

图 1.7－6

步骤 7:准备用压线钳的剪线刀口将 8 根线缆间断,如图 1.7－7 所示。

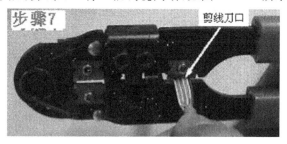

图 1.7－7

步骤 8:剪断电缆。请注意:一定要剪得很整齐,剥开的导线长度不可太短,可以先留长一些,不要剥开每根导线的绝缘外层 ,如图 1.7－8 所示。

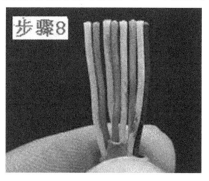

图 1.7－8

步骤 9:将剪断的电缆线放入 RJ－45 插头试试长短(要插到底),电缆线的外保护层最后应能够在 RJ－45 插头内的凹陷处被压实。反复进行调整,如图 1.7－9 所示。

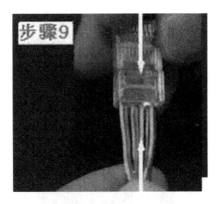

图 1.7—9

步骤 10:在确认一切都正确后(特别要注意不要将导线的顺序排列反了),将 RJ—45 插头放入压线钳的压头槽内,准备最后的压实,如图 1.7—10 所示。

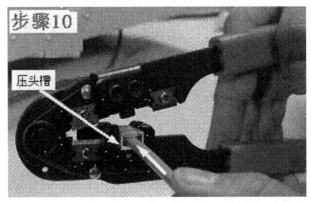

图 1.7—10

步骤 11:双手紧握压线钳的手柄,用力压紧,如图 1.7—11 所示。请注意,在这一步骤完成后,插头的 8 个针脚接触点就穿过导线的绝缘外层,分别和 8 根导线紧紧地压接在一起。

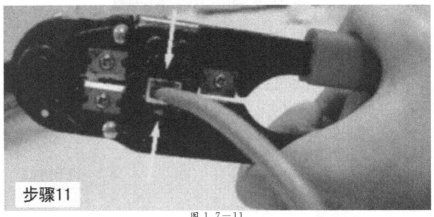

图 1.7—11

步骤 12:完成双绞线连接,如图 1.7—12 所示。

图 1.7－12

3.双绞线测试

(1)使用测线仪。

(2)连接计算机测试。

如图 1.7－13 连接计算机,并设置计算机的 IP 地址和子网掩码,互相使用 ping 命令,测试连通情况,连通时如图 1.7－14(a)所示,不通时如图 1.7－14(b)所示。

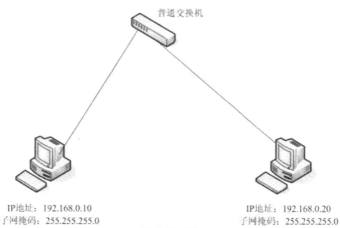

图 1.7－13

图 1.7－14(a)　　图 1.7－14(b)

三、任务扩展

此部分内容略。

任务八　计算机网路互联

一、任务描述

1. 知识型工作任务
（1）了解结构化综合布线的相关知识。
（2）了解交换机、路由器、防火墙等网络互连设备的相关知识 。

2. 技能型工作任务
（1）能够识别结构化综合布线的六个子系统。
（2）能根据用户合理选择交换机、路由器、防火墙等网络互连设备。
（3）能简单配置交换机等设备。

3. 教学组织形式
（1）学生角色：网络公司职员或网络管理人员。
（2）教学过程：在网络工程实训室或网络公司或某小型企业进行教学，学生扮演网络公司职员或网络管理人员根据项目方案网络配置，教师予以指导，学生独立完成。

二、任务实施

1. 综合布线系统

综合布线是指在楼宇建设中的各种布线系统，包含了电力线布线、电话线布线、闭路电视系统布线、网络系统布线等；而结构化布线可以专指数据网络布线。系统集成项目中，结构化布线涉及的人员、部门比较多，工期较长，是整个工程的基础，因此应重点对待。

（1）综合布线系统简介

综合布线系统是一个能够支持任何用户选择的话音、数据、图形图像应用的电信布线系统。系统应能支持话音、图形、图像、数据多媒体、安全监控、传感等各种信息的传输，支持 UTP、光纤、STP、同轴电缆等各种传输载体，支持多用户多类型产品的应用，支持高速网络的应用。

综合布线系统具有以下特点：

1）实用性：能支持多种数据通信、多媒体技术及信息管理系统等，能够适应现代和未来技术的发展。

2）灵活性：任意信息点能够连接不同类型的设备，如微机、打印机、终端、服务器、监视器等。

3）开放性：能够支持任何厂家的任意网络产品，支持任意网络结构，如总线型、星型、环型等。

4)模块化:所有的接插件都是积木式的标准件,方便使用、管理和扩充。

5)扩展性:实施后的结构化布线系统是可扩充的,以便将来有更大需求时,很容易将设备安装接入。

6)经济性:一次性投资,长期受益,维护费用低,使整体投资达到最少。

(2)结构化综合布线标准

当前的布线标准有 ISO/IEC11801 国际标准,北美 ANSI 的 TIA/EIA 568A 和 568B 布线标准,欧洲标准 CENELECEN50173。

我国在参照国外标准基础上,于 1995 年 3 月由中国工程建设标准化协会批准了《建筑与建筑群结构化布线系统设计规范》,标志着结构化布线系统在我国也开始走向正规化、标准化。并于 1997 年 9 月邮电部发布了《中国人民共和国通信行业标准:大楼通信综合布线系统》,用以规范布线工程。

(3)结构化综合布线子系统

按照一般划分,结构化布线系统包括六个子系统:建筑群主干子系统、设备子系统、垂直主干子系统、管理子系统、水平支干子系统和工作区子系统,如图 1.8-1 所示。

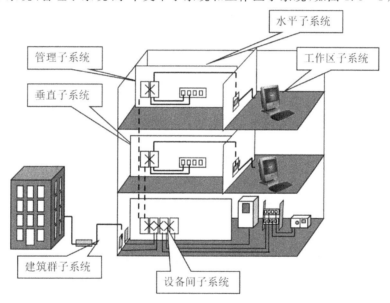

图 1.8-1

1)建筑群主干子系统。

该子系统提供外部建筑物与大楼内布线的连接点。建筑群子系统宜采用地下管道或电缆沟的铺设方式。管道内铺设的铜缆或光缆应遵循电话管道和入孔的各项设计规定。此外安装时至少应预留 1~2 个备用管孔,以供扩充之用。

建筑群子系统采用直埋沟内铺设时,如果在同一沟内埋入了其他的图像、监控电缆,应设立明显的共用标志。

从电话局引来的电缆应进入一个阻燃接头箱,再接至保护装置。

2)设备子系统。EIA/TIA 568 标准规定了设备间的设备布线。它是布线系统最主要的管理区域,所有楼层的资料都由电缆或光缆传送至此。通常,此系统安装在计算机系统、网络系统和程控机系统的主机房内。设备间内的所有总配线设备应用色标区别各类用途的配线区。

设备间的位置及大小应根据设备的数量、规模、最佳网络中心等因素,综合考虑确定。

3)垂直主干子系统。它连接通讯室、设备间和入口设备,包括主干电缆、中间交换和主交接、机械终端和用于主干到主干交换的接插线或插头。主干布线要采用星形拓扑结构,接地应符合 EIA/TIA607 规定的要求。

4)管理子系统。此部分放置电信布线系统设备,包括水平和主干布线系统的机械终端和交换。管理应对设备间、交接间和工作区的配线设备、线缆、信息插座等设施,按一定的模式进行标示和记录。

5)水平支干子系统。连接管理子系统至工作区,包括水平布线、信息插座、电缆终端及交换,指定的拓扑结构为星形拓扑。

水平布线可选择的介质有三种(100 欧姆 UTP 电缆、150 欧姆 STP 电缆及 62.5/125 微米光缆),最远的延伸距离为 90 米,除了 90 米水平电缆外,工作区与管理子系统的接插线和跨接线电缆的总长可达 10 米。

6)工作区子系统 。工作区由信息插座延伸至设备。工作区布线要求相对简单,这样就容易移动、添加和变更设备。一个工作区的服务面积可按 5~10 平方米估算,或按不同的应用场合调整面积的大小。每个工作区至少设置一个信息插座用来连接电话机或计算机终端设备,或按用户要求设置。

工作区的每一个信息插座均应支持电话机、数据终端、计算机、电视机及监视器等终端的设置和安装。

2. 网络互连设备

(1)中继器

中继器(RP repeater)是连接网络线路的一种装置,常用于两个网络节点之间物理信号的双向转发工作。中继器是最简单的网络互联设备,主要完成物理层的功能,负责在两个节点的物理层上按位传递信息,完成信号的复制、调整和放大功能,以此来延长网络的长度。

(2)集线器

集线器(Hub)是中继器的一种形式,区别在于集线器能够提供多端口服务,也称为多口中继器。

(3)网桥

网桥(Bridge)是一个局域网与另一个局域网之间建立连接的桥梁。网桥是属于网络层的一种设备,它的作用是扩展网络和通信手段,在各种传输介质中转发数据信号,扩展网络的距离,同时又有选择地将有地址的信号从一个传输介质发送到另一个传输介质,并能有效地限制两个介质系统中无关紧要的通信。网桥可分为本地网桥和远程网桥。

(4)交换机

与网桥一样,交换机按每一个包中的 MAC 地址相对简单地决策信息转发。而这种转发决策一般不考虑包中隐藏的更深的其他信息。与网桥不同的是交换机转发延迟很小,操作接近单个局域网性能,远远超过了普通桥接互联网络之间的转发性能。

交换技术允许共享型和专用型的局域网段进行带宽调整,以减轻局域网之间信息流通出现的瓶颈问题。现在已有以太网、快速以太网、FDDI 和 ATM 技术的交换产品。

局域网交换机根据使用的网络技术可以分为:

● 以大网交换机;

● 令牌环交换机;

● FDDI 交换机;

● ATM 交换机;

● 快速以太网交换机等。

(5)路由器

1)路由技术

路由器工作在 OSI 模型的第三层——网络层操作,其工作模式与二层交换相似,但路由器工作在第三层,这个区别决定了路由和交换在传递包时使用不同的控制信息,实现功能的方式就不同。工作原理是在路由器的内部也有一个表,这个表所标示的是如果要去某一个地方,下一步应该向那里走,如果能从路由表中找到数据包下一步往那里走,把链路层信息加上转发出去;如果不能知道下一步走向那里,则将此包丢弃,然后返回一个信息交给源地址。

路由技术实质上来说不过两种功能:决定最优路由和转发数据包。路由表中写入各种信息,由路由算法计算出到达目的地址的最佳路径,然后由相对简单直接的转发机制发送数据包。接受数据的下一台路由器依照相同的工作方式继续转发,依次类推,直到数据包到达目的路由器。

2)路由器的应用

在广域网范围内的路由器按其转发报文的性能可以分为两种类型,即中间节点路由器和边界路由器。尽管在不断改进的各种路由协议中,对这两类路由器所使用的名称可能有很大的差别,但所发挥的作用却是一样的。

(6)三层交换机

从三层交换(也称多层交换技术,或 IP 交换技术)是相对于传统交换概念而提出的。众所周知,传统的交换技术是在 OSI 网络标准模型中的第二层——数据链路层进行操作的,而三层交换技术是在网络模型中的第三层实现了数据包的高速转发。简单地说,三层交换技术就是:二层交换技术+三层转发技术。

三层交换技术的出现,解决了局域网中网段划分之后,网段中子网必须依赖路由器进行管理的局面,解决了传统路由器低速、复杂所造成的网络瓶颈问题。

从三层交换机工作过程的简单概括,可以看出三层交换的特点:

1)由硬件结合实现数据的高速转发:这就不是简单的二层交换机和路由器的叠加,三层路由模块直接叠加在二层交换的高速背板总线上,突破了传统路由器的接口速率限制,速率可达几十 Gbps。算上背板带宽,这些是三层交换机性能的两个重要参数。

2)简洁的路由软件使路由过程简化:大部分的数据转发,除了必要的路由选择交由路由软件处理,都是又二层模块高速转发,路由软件大多都是经过处理的高效优化软件,并不是简单照搬路由器中的软件。

3. 配置交换机

(1)配置线缆的选择和连接

相对于路由器来说,交换机的配置线缆种类比较少,通用性较强,目前常用的配置线缆有以下几种。

1)两端都是DB9母头的配置线缆,如图1.8-2所示。这也是目前各厂商使用最多的方式,只不过每个厂商的线缆的线序会有所不同。

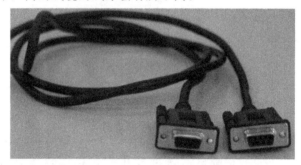

图1.8-2 两端都是DB9母头的配置线缆

2)一端是DB9母头,另一端是DB9公头的配置线缆,如图1.8-3所示。

图1.8-3 一端公头,一端母头的DB9配置线缆

3)一端是DB9母头,另一端是RJ45头的配置线缆,如图1.8-4所示。

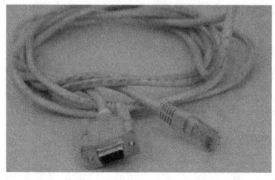

图1.8-4 一端DB9母头,一端RJ45头配置线缆

一般来说,配置线缆总有一端是DB9母头,因为这一端正好可以与计算机上的串口

相连接,而计算机上的串口一般都是 DB9 公头。连接方法如图 1.8－5 所示。

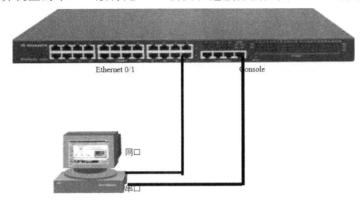

图 1.8－5

（2）基本配置方法介绍

用户购买到交换机设备后,需要对交换机进行配置,从而实现对网络的管理。交换机为用户提供了两种管理方式:带外管理和带内管理。带外是指管理和配置的数据流量不占用交换机的流量带宽;而带内管理的时候流量需要占用交换机的带宽。

1)带外管理。带外管理（out－band management）:即用户通过 Console 口对交换机进行配置管理。通常用户会在首次配置交换机或者无法进行带内管理时使用带外管理方式。

带外管理方式也是使用频率最高的管理方式。带外管理的时候,我们可以采用 Windows 操作系统自带的超级终端程序来连接交换机,当然,用户也可以采用自己熟悉的终端程序。本章中,我们以超级终端为例:

首先启动超级终端,点击 Windows 的开始→程序→附件→通讯→超级终端。

根据提示输入连接名称后确定,在选择连接的时候选择对应的串口（COM1 或 COM2）,配置串口参数。串口的配置参数见图 1.8－6 所示。单击"确定"按钮即可正常建立与交换机的通信。

图 1.8－6　配置串口参数

2)TELNET 管理交换机。在主机 DOS 命令行下输入:telnet ip address（交换机管理 IP）,如图 1.8－7 所示。

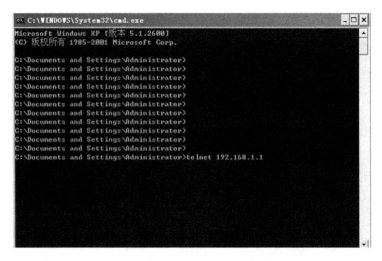

图 1.8－7 telnet ip address(交换机管理 IP)

3)基于 WEB 的管理。在 web 页面中输入交换机的管理 IP 可以进入交换机的 web 管理页面,如图 1.8－8 所示。

图 1.8－8 交换机 web 管理页面

3. 交换机配置命令模式

(1)EXEC 模式

用户模式:switch＞,交换机信息的查看,简单测试命令。

特权模式:switch♯,查看、管理交换机配置信息,测试、调试。

(2)配置模式

全局配置模式:switch(config)♯,配置交换机的整体参数。接口配置模式:switch

（config－if）♯，配置交换机的接口参数。

（3）进入全局配置模式

Switch♯configure terminal

Switch（config）♯exit

Switch♯

（4）进入接口配置模式

Switch（config）♯interface fastethernet 0/1

Switch（config－if）♯exit

Switch（config）♯

（5）从子模式下直接返回特权模式

Switch（config－if）♯end

Switch♯

4. 配置交换机支持 telnet

假设某学校的网络管理员第一次在设备机房对交换机进行了初次配置后，他希望以后在办公室时可以对设备进行远程管理，现要在交换机上做适当配置，使他可以实现这一愿望。

本实验以锐捷 S2126G 交换机为例，交换机命名为 SwitchA。一台 PC 机通过串口（Com）连接到交换机的控制（Console）端口，通过网卡（NIC）连接到交换机的 F0/1 端口，如图 1.8－9 所示。

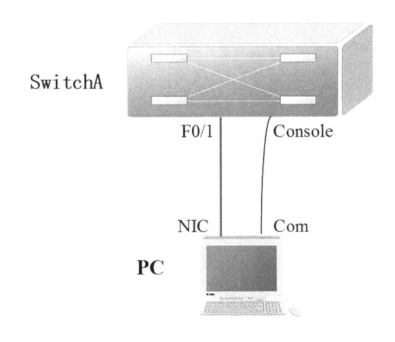

图 1.8－9　连接交换机

假设 PC 机的 IP 地址和网络掩码分别为"192.168.0.137","255.255.255.0",配置交换机的管理 IP 地址和网络掩码分别为"192.168.0.138","255.255.255.0"。

第一步:在交换机上配置管理 IP 地址

Red－Giant＞enable 　　！进入特权模式

Red－Giant ♯ configure terminal 　　！进入全局配置模式

Red－Giant (config)♯ hostname SwitchA 　　！配置交换机名称为"SwitchA"

SwitchA(config)♯ interface vlan 1 　　！进入交换机管理接口配置模式

SwitchA(config－if)♯ ip address 192.168.0.138 255.255.255.0 　　！配置交换机管理接口 IP 地址

SwitchA(config－if)♯ no shutdown 　　！开启交换机管理接口

验证测试:验证交换机管理 IP 地址已经配置和开启。

SwitchA♯ show ip interface 　　！验证交换机管理 IP 地址已经配置,管理接口已开启

Interface 　　　　　　　：VL1

Description 　　　　　　：Vlan 1

OperStatus 　　　　　　：up

ManagementStatus 　　　：Enabled

Primary Internet address 　：192.168.0.138/24

Broadcast address 　　　：255.255.255.255

PhysAddress 　　　　　：00d0.f8fe.1e48

或

SwitchA♯ show interface vlan 1 　　！验证交换机管理 IP 地址已经配置,管理接口已开启

Interface ：Vlan 1

Description ：

AdminStatus ：up

OperStatus ：up

Hardware ：—

Mtu 　　　：1500

LastChange ：0d:0h:0m:0s

ARP Timeout ：3600 sec

PhysAddress ：00d0.f8fe.1e48

ManagementStatus:Enabled

Primary Internet address:192.168.0.138/24

Broadcast address ：255.255.255.255

第二步:配置交换机远程登录密码。

SwitchA(config)♯ enable secret level 1 0 star 　　！设置交换机远程登录密码为"star"

验证测试:验证从 PC 机可以通过网线远程登录到交换机上。

C:》telnet 192.168.0.138   ! 从 PC 机登录到交换机上

第三步:配置交换机特权模式密码。

SwitchA(config)♯ enable secret level 15 0 star   ! 设置交换机特权模式密码为 "star"

验证测试:验证从 PC 机通过网线远程登录到交换机上后可以进入特权模式。

C:》telnet 192.168.0.138   ! 从 PC 机登录到交换机上

第四步:保存在交换机上所做的配置。

SwitchA♯ copy running—config startup—config   ! 保存交换机配置

或

SwitchA♯ write memory

验证测试:验证交换机配置已保存。

SwitchA♯ show configure   ! 验证交换机配置已保存

Using 243 out of 4194304 bytes

!

version 1.0

!

hostname SwitchA

enable secret level 1 5 $2,1u_;C3&—8U0<D4′.tj9＝GQ＋/7R;>H

enable secret level 15 5 $2,1u_;C3&—8U0<D4′.tj9＝GQ＋/7R;>H

!

interface vlan 1

no shutdown

ip address 192.168.0.138 255.255.255.0

!

end

【注意事项】

交换机的管理接口缺省是关闭的(shutdown),因此在配置管理接口 interface vlan 1 的 IP 地址后须用命令"no shutdown"开启该接口。

5. **划分 VLAN**

划分 VLAN 见图 1.8—10。

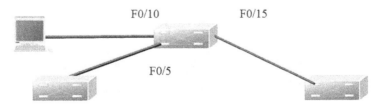

图 1.8—10 划分 VLAN

第一步:在未划 VLAN 前两台 PC 互相 ping 可以通。

第二步:创建 VLAN。

Switch♯configure terminal	!进入交换机全局配置模式。
Switch(config)♯ vlan 10	!创建 vlan 10。
Switch(config—vlan)♯ name test10	!将 Vlan 10 命名为 test10。
Switch(config)♯ vlan 20	!创建 vlan 20。
Switch(config—vlan)♯ name test20	!将 Vlan 20 命名为 test20。

验证测试:

Switch♯show vlan

VLAN	Name	Status	Ports
1	default	active	Fa0/1 ,Fa0/2 ,Fa0/3
			Fa0/4 ,Fa0/5 ,Fa0/6
			Fa0/7 ,Fa0/8 ,Fa0/9
			Fa0/10,Fa0/11,Fa0/12
			Fa0/13,Fa0/14,Fa0/15
			Fa0/16,Fa0/17,Fa0/18
			Fa0/19,Fa0/20,Fa0/21
			Fa0/22,Fa0/23,Fa0/24
10	test10	active	
20	test20	active	

第三步:将接口分配到 VLAN。

Switch(config—if)♯ interface fastethernet 0/5

Switch(config—if)♯ switch access vlan 10

Switch(config—if)♯ interface fastethernet 0/15

Switch(config—if)♯ switch access vlan 20

第四步:两台 PC 互相 ping 不通。

验证测试:

Switch♯show vlan

VLAN	Name	Status	Ports
1	default	active	Fa0/1 ,Fa0/2 ,Fa0/3
			Fa0/4 ,Fa0/6 ,Fa0/7
			Fa0/8 ,Fa0/9 ,Fa0/10
			Fa0/11,Fa0/12,Fa0/13

		Fa0/14,Fa0/16,Fa0/17		
		Fa0/18,Fa0/19,Fa0/20		
		Fa0/21,Fa0/22,Fa0/23		
		Fa0/24		
10	test10		active	Fa0/5
20	test20		active	Fa0/15

【注意事项】

清空交换机原有 vlan 配置。

delete flash:config.text

delete flash:vlan.dat

三、任务扩展

1.课内学习任务

详细了解交换机、路由器、防火墙等网络设备的相关知识。

2.课外学习任务

(1) 了解你所在院系互联网的接入方式。

(2) 了解你家或同学家互联网的接入方式。

任务九　网络接入互联网

一、任务描述

1.知识型工作任务

了解网络计入互联网的方式。

2.技能型工作任务

(1) 能使用普通电话拨号上网;

(2) 能使用非对称数字用户线路(ADSL)接入 Internet;

(3) 能用网络共享接入 Internet。

3.教学组织形式

(1) 学生角色:网络公司职员或网络管理人员。

(2) 教学过程:在网络工程实训室或网络公司或某小型企业进行教学,学生扮演网络公司职员或网络管理人员根据计算机网络接入 Internet 寻求所需知识,教师扮演客户及技术顾问和学生进行项目交流。

二、任务实施

1.普通电话拨号上网

(1)普通电话拨号上网的条件。

硬件——猫 Modem(有"内猫"、"外猫"之分)、电话线(要接有电话的)。

软件——浏览器程序。

帐号——向 ISP 申请 1 个拨号上网的帐号。电信 163 允许不用申请帐号而直接拨号上网。

（2）连接硬件

拨号上网的硬件连接图如图 1.9－1 所示。

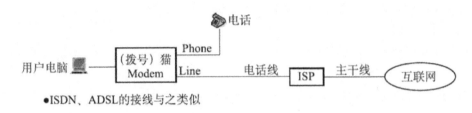

图 1.9－1　拨号上网硬件连接图示

（3）设置拨号上网

1）点击"开始"菜单，再点击"控制面板"菜单项。

2）在"控制面板"中找到并点击"网络和 Internet 连接"。

3）在"网络和 Internet 连接"中，找到并点击"创建一个到您的工作位置的网络连接"，如图 1.9－2 所示。

图 1.9－2　创建一个到您的工作位置的网络连接

4）选择"拨号连接"，再点击"下一步"按钮，如图 1.9－3 所示。

5）在"公司名"中输入一个名称，再点击"下一步"按钮，如图 1.9－4 所示。

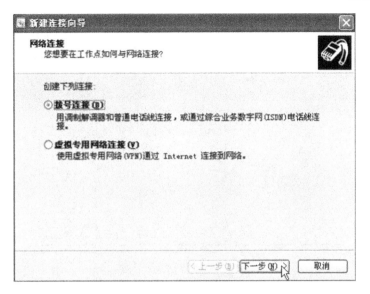

图 1.9－3　选择拨号连接

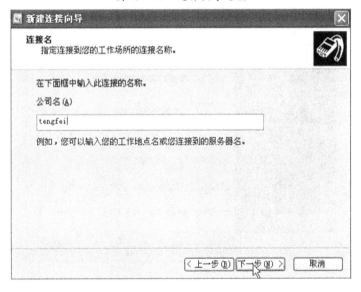

图 1.9－4　设置公司名

6)在电话号码中输入"163",再点击"下一步"按钮,如图 1.9－5 所示。

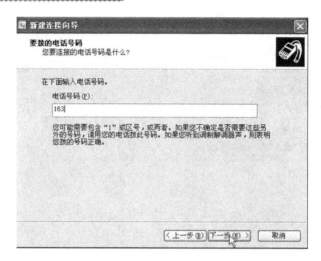

图 1.9-5 输入电话号码

7)如果希望在桌面上放一个快捷方式,请点击并勾选"在我的桌面上添加一个到此连接的快捷方式"。点击"完成"按钮,如图 1.9-6 所示。

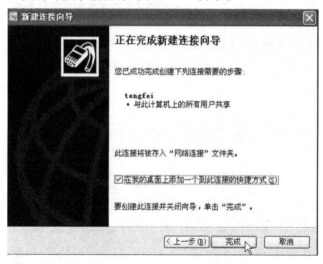

图 1.9-6

8)如果在桌面上放置了快捷方式,请在桌面上双击刚才建立的拨号连接,打开"连接"对话框。输入用户名和密码,再点击"拨号"按钮,即可拨号上网。

9)如果没有在桌面上放置快捷方式,可以回到"网络和 Internet 连接",找到并点击"网络连接"。在"网络连接"里,可以找到刚才建立的拨号连接。双击拨号连接,打开"拨号"对话框进行拨号。如果要查看拨号连接的属性,可以在拨号连接上单击鼠标右键,选择"属性",打开拨号连接的属性对话框。

2. ADSL 拨号上网

点击"开始"菜单,再点击"控制面板"菜单项。在"控制面板"中找到并点击"网络和 Internet 连接"。在"网络和 Internet 连接"中,找到并点击"创建一个到您的工作位置的网络连接"。

（2）单击"创建一个新连接"，图 1.9－7 打开"新建连接向导"，如图 1.9－8 所示。单击"下一步"，如图 1.9－8 所示。选择第一项"连接到 Internet"，单击"下一步"。

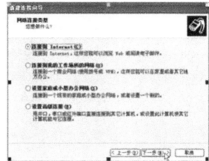

图 1.9－7　打开"新建连接向导"　　　图 1.9－8　选择"连接到 Internet"

（3）如图 1.9－9 所示，选择第二项"手动设置我的连接"，然后单击"下一步"。如图 1.9－10 所示，选择第二项"用要求用户名和密码的宽带连接来连接"，单击"下一步"。如图 9－10 所示，输入 ISP 名称，单击"下一步"。

图 1.9－9　"手动设置我的连接"　　　图 1.9－10　"用要求用户名和密
　　码的宽带连接来连接"

（4）如图 1.9－11 所示，输入用户名和密码，单击"下一步"。单击"完成"，完成新建连接。

图 1.9－11　输入用户名和密码

（5）至此，点击"连接"，拨上以后就可以上网了，如图 1－9－12 所示。

图 1.9—12　ADSL 拨号上网登录界面

任务十　项目测试和总结

一、任务描述

1. 学生进行项目整体测试,教师抽查,学生完成简单的测试报告。

2. 学生整理需求分析、方案设计、设备选型、布线方案设计、网络互连方案设计、接入方案设计、测试报告等。

3. 学生独立完成项目总结。

二、任务实施

(1) 项目测试

主要包括连通性测试,对照网络拓扑图进行连通测试,需要通的地方要通,不需要通的地方不能连通。

(2)项目测试报告

记录测试结果和总结测试结果。

(3) 整理相应文档,文档包括需求分析、方案设计、设备选型、布线方案设计、网络互连方案设计、接入方案设计、测试报告。

(4) 撰写项目总结

项目总结内容包括:方案设计的先进性、科学性、合理性,项目学习的心得和体会。

项目二　维护小型网络

项目综述：

该项目是进行中小型企业网组建和管理以及企业网站组建和维护的基础和前提，项目学习涉及到 TCP/IP 协议族分层结构、TCP/IP 协议族相关协议、IP 地址和子网掩码 Internet/Intranet/Extranet 相关知识和技术。通过该项目的学习学生能对计算机网络维护有一个清晰的概念，能使用相应设备或工具维护小型局域网的正常运行，并能对常见网络故障进行分析和排除。

该项目的具体实施包括 5 个过程 8 个典型工作任务：

(1)项目需求分析；

(2)TCP/IP 协议分析；

(3)认识 Internet/Intranet/Extranet；

(4)项目方案设计；

(5)局域网设备安全配置；

(6)网络数据捕获分析；

(7)常见网络故障分析；

(8)项目测试和总结。

通过本项目的实施将实现以下教学目标：

(1)知识目标：掌握 TCP/IP 协议族分层结构、TCP/IP 协议族相关协议、IP 地址和子网掩码、Internet/Intranet/Extranet 相关知识。

(2)技能目标：能熟练地维护一个小型局域网。

(3)态度目标：培养学生"用户需求"至上的意识，训练学生和客户交流的基本素养；培养增强学生的心理承受能力、吃苦耐劳精神和团队合作意识。

任务一　项目需求分析

一、用户需求

梁平职业教育中心现有计算机近 500 台，网络拓扑图如图 2.1－1 所示。随着网络中计算机的不断增加，网络问题日益凸显，亟待解决。

二、需求分析

为了满足天宇职业技术学院信息工程系网络维护的需求，我们需要改造网络结构，解决目前存在的问题，如连网设备太多、网络速度太慢等。

需求一：信息工程系现有计算机近 500 台，网络中心分配的地址共 125 个地址，必须解决地址不足的问题。

分析一：运用代理解决地址不足的问题。

需求二：以前因为网络中的计算机比较多网络速度比较慢，必须采取措施提高网络速度。

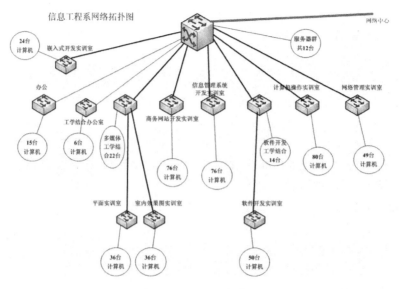

图 2.1－1　网络拓扑图

分析二:必须划分 VLAN 或划分子网解决问题。

需求三:目前网络病毒比较多,必须采取措施防止病毒的爆发和相互传染。

分析三:使用 ACL(访问控制列表)解决问题。

需求四:如果网络中出现速度慢或网络不通时能够及时发现问题和解决问题。

分析四:必须使用一些工具快速找到问题并解决问题。

三、方案设计

图 2.1－2 为信息工程系地址分配和管理模式。

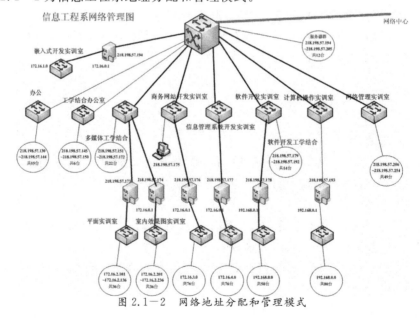

图 2.1－2　网络地址分配和管理模式

任务二　TCP/IP 协议分析

一、任务描述

1. 知识型工作任务
(1)正确理解 TCP/IP 各层的功能、服务;
(2)识别主要协议(TCP、UDP、IP、ICMP、ARP、RARP)。

2. 技能型工作任务
(1)能设置 IP 地址,能进行子网划分和网掩码的设置;
(2)识别主要协议(TCP、UDP、IP、ICMP、ARP、RARP)。

3. 教学组织形式
(1)学生角色:网络公司职员或网络管理人员。
(2)教学过程:在网络工程实训室或网络公司或某小型企业进行教学,学生扮演网络公司职员或网络管理人员寻求所需知识,教师扮演技术顾问和学生进行交流,针对 TCP/IP 协议进行认知训练。

二、任务实施

1. TCP/IP 协议簇
TCP/IP 是一个协议簇,它包括许多协议,如图 2.2－1 所示。

应用层	Telnet	FTP	HTTP	SMTP	DNS
传输层	TCP			UDP	
网络层	ARP	RARP	ICMP	IGMP	IP
数据链路层	逻辑链路子层				
	介质访问子层				
物理层	SONET/SDH/PDH				

图 2.2－1　TCP/IP 协议簇

图 2.2－1 显示了各层协议的关系,理解它们之间的关系对下面的协议分析非常重要。

2. TCP/IP 各层协议
(1)网络接口层

它是 TCP/IP 赖以存在的各种通信网和 TCP/IP 之间的接口,这些通信网包括多种广域网如 ARPANFT、MILNET 和 X.25 公用数据网,以及各种局域网,如 Ethernet、IEEE 的各种标准局域网等。IP 层提供了专门的功能,解决与各种网络物理地址的转换。

1)SLIP 协议。SLIP 提供在串行通信线路上封装 IP 分组的简单方法,用以使用远程用户通过电话线和 MODEM 能方便地接入 TCP/IP 网络。

SLIP 是一种简单的组帧方式,使用时还存在一些问题。首先,SLIP 不支持在连接过程中的动态 IP 地址分配,通信双方必须事先告知对方 IP 地址,这给没有固定 IP 地址的个人用户上 Internet 网带来了很大的不便;其次,SLIP 帧中无协议类型字段,因此它只能支持 IP 协议;再有,SLIP 帧中列校验字段,因此链路层上无法检测出传输差错,必须由上层实体或具有纠错能力的 MODEM 来解决传输差错问题。

2) PPP 协议。为了解决 SLIP 存在的问题,在串行通信应用中又开发了 PPP 协议。PPP 协议是一种有效的点一点通信协议,它,由串行通信线路上的组帧方式,用于建立、配制、测试和拆除数据链路的链路控制协议 LCP 及一组用以支持不同网络层协议的网络控制协议 NCPs 三部分组成。

由于 PPP 帧中设置了校验字段,因而 PPP 在链路层上具有差错检验的功能。PPP 中的 LCP 协议提供了通信双方进行参数协商的手段,并且提供了一组 NCPs 协议,使得 PPP 可以支持多种网络层协议,如 IP、IPX、OSI 等。另外,支持 IP 的 NCP 提供了在建立连接时动态分配 IP 地址的功能,解决了个人用户上 Internet 网的问题。

(2)网络层

1) IP 协议。IP 协议位于网络层,是 Internet 中最重要的协议。IP 是不可靠的无连接数据报协议,提供尽力而为的传输服务,也就是说 IP 仅提供最好的传输服务但不保证 IP 数据报能成功地到达目的地。

IP 协议有两个特点:一是,不可靠(unreliable);二是,无连接(connectionless)。

IP 协议的主要功能包括数据报的传输、数据报的路由选择和拥塞控制。IP 协议用统一的 IP 数据报格式在帧格式不同的物理网络之间传递数据。IP 数据报非常简单,就是在数据块(称为净荷)的前面加上一个包头。IP 数据报中的数据(包括包头中的数据)以 32 位(4 字节或 4 个八位组)的方式来组织。图 2.2-2 中展示了 IP 头字段的排列。从中可以看出,所有 IP 数据报头最小长度是 5 个字(20 字节),如果有其他选项的话,包头可能会更长。

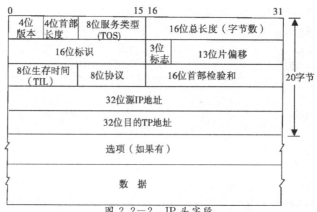

图 2.2-2 IP 头字段

其中:

●版本(Version)字段:占 4 比特。用来表明 IP 协议实现的版本号,当前一般为 IPv4,即 0100。

●报头长度(Internet Header Length,IHL)字段:占 4 比特。是头部占 32 比特的数

字,包括可选项。普通 IP 数据报(没有任何选项),该字段的值是 5,即 160 比特＝20 字节。此字段最大值为 60 字节。

●服务类型(Type of Service ,TOS)字段:占 8 比特。其中前 3 比特为优先权子字段(Precedence,现已被忽略)。第 8 比特保留未用。第 4 至第 7 比特分别代表延迟、吞吐量、可靠性和花费。当它们取值为 1 时分别代表要求最小时延、最大吞吐量、最高可靠性和最小费用。这 4 比特的服务类型中只能置其中 1 比特为 1。可以全为 0,若全为 0 则表示一般服务。服务类型字段声明了数据报被网络系统传输时可以被怎样处理。

●数据报长度字段:占 16 比特。指明整个数据报的长度(以字节为单位)。最大长度为 65535 字节。

●数据报 ID:占 16 比特。用来唯一地标识主机发送的每一份数据报。通常每发一份报文,它的值会加 1。

●标志位字段:占 3 比特。标志一份数据报是否要求分段。

●段偏移字段:占 13 比特。如果一份数据报要求分段的话,此字段指明该段偏移距原始数据报开始的位置。

●生存期(TTL:Time to Live)字段:占 8 比特。用来设置数据报最多可以经过的路由器数。由发送数据的源主机设置,通常为 32、64、128 等。每经过一个路由器,其值减 1,直到 0 时该数据报被丢弃。

●协议字段:占 8 比特。指明 IP 层所封装的上层协议类型,如 ICMP(1)、IGMP(2)、TCP(6)、UDP(17)等。

●头部校验和字段:占 16 比特。内容是根据 IP 头部计算得到的校验和码。计算方法是:对头部中每个 16 比特进行二进制反码求和。(和 ICMP、IGMP、TCP、UDP 不同,IP 不对头部后的数据进行校验)。

●源 IP 地址、目标 IP 地址字段:各占 32 比特。用来标明发送 IP 数据报文的源主机地址和接收 IP 报文的目标主机地址。

●IP 字段选项:占 32 比特。用来定义一些任选项:如记录路径、时间戳等。这些选项很少被使用,同时并不是所有主机和路由器都支持这些选项。可选项字段的长度必须

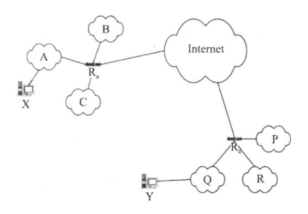

图 2.2－3　路由器工作流程

是 32 比特的整数倍,如果不足,必须填充 0 以达到此长度要求。如图 2.2－3 中展示了这样的工作过程。图中包含有两个不同机构,它们均连接在 Internet 上,且各自有三个网络。每个网络连接到一个路由器上,每个路由器同时连接三个网络和 Internet。当主机 X 向主机 Y 发送数据时,该数据将首先被发送到网络 A 上以到达路由器 A。当路由器 A 收到该数据报后,此路由器将该数据报拆开,确定其目的地不在与自己连接的任何网络 (A、B 或 C)上。然后此路由器将该数据报转发到另一个路由器上(在本例中位于 Internet 中某处),该路由器将继续通过 Internet 转发数据报直至到达路由器 B 为止。一旦路由器 B 收到该数据报,该路由器拆包后发现其目的地址在自己的一个本地网络上,于是这个路由器使用 ARP 来查询网络以确定正确的数据链路层地址并将数据发送至该主机。

2)互连网控制报文协议 ICMP 。IP 协议是一种不可靠的协议,无法进行差错控制,因此需要借助 ICMP 协议。ICMP 协议用于在 IP 主机、路由器之间传递控制消息。控制消息是指网络通不通、主机是否可达、路由是否可用等网络本身的消息。这些控制消息虽然并不传输用户数据,但是对于用户数据的传递起着重要的作用。

ICMP 协议对于网络安全具有极其重要的意义。ICMP 协议本身的特点决定了它非常容易被用于攻击网络上的路由器和主机。

3)地址转换协议 ARP。在 TCP/IP 网络环境下,每个主机都分配了一个 32 位的 IP 地址,这种互连网地址是在国际范围标识主机的一种逻辑地址。为了让报文在物理网上传送,必须知道彼此的物理地址。这样就存在把互连网地址变换为物理地址的地址转换问题。

在互联网环境下,为了将报文送到另一个网络的主机,数据报先定向发送方所在网络 IP 路由器。因此,发送主机首先必须确定路由器的物理地址,然后依次将数据发往接收端。除基本 ARP 机制外,有时还需在路由器上设置代理 ARP,其目的是由 IP 路由器代替目的站对发送方 ARP 请求做出响应。

4)反向地址转换协议 RARP。反向地址转换协议用于一种特殊情况,如果站点初始化以后,只有自己的物理地址而没有 IP 地址,则它可以通过 RARP 协议,发出广播请求,征求自己的 IP 地址,而 RARP 服务器则负责回答。这样,无 IP 地址的站点可以通过 RARP 协议取得自己的 IP 地址,这个地址在下一次系统重新开始以前都有效,不用连续广播请求。RARP 广泛用于获取无盘工作站的 IP 地址。

(3) 传输层

TCP/IP 在这一层提供了两个主要的协议:传输控制协议(TCP)和用户数据协议(UDP),另外还有一些别的协议,例如用于传送数字化语音的 NVP 协议。

1)传输控制协议(TCP)。TCP 提供的是一种可靠的数据流服务。当传送受差错干扰的数据,或基础网络故障,或网络负荷太重而使网际基本传输系统(无连接报文递交系统)不能正常工作时,就需要通过其它协议来保证通信的可靠。TCP 就是这样的协议,它对应于 OSI 模型的运输层,它在 IP 协议的基础上,提供端到端的面向连接的可靠传输。

TCP 协议的主要功能是:传输中的差错控制;分组排序;流量控制。2)用户数据报协议 UDP。用户数据报协议是对 IP 协议组的扩充,它增加了一种机制,发送方使用这种机制可以区分一台计算机上的多个接收者。每个 UDP 报文除了包含某用户进程发送数据外，还有报文目的端口的编号和报文源端口的编号，从而使 UDP 的这种扩充，使得在两个用户进程之间的递送数据报成为可能。

（4）应用层

1）文件传输协议 FTP 。文件传输协议是网际提供的用于访问远程机器的一个协议，它使用户可以在本地机与远程机之间进行有关文件的操作。FTP 工作时建立两条 TCP 连接，一条用于传送文件，另一条用于传送控制。

FTP 采用客户/服务器模式，它包含客户 FTP 和服务器 FTP。客户 FTP 启动传送过程，而服务器对其做出应答。客户 FTP 大多有一个交互式界面，使用权客户可以灵活地向远地传文件或从远地取文件。

2）远程终端访问 TELNET。TELNET 的连接是一个 TCP 连接，用于传送具有 TELNET 控制信息的数据。它提供了与终端设备或终端进程交互的标准方法，支持终端到终端的连接及进程到进程分布式计算的通信。

3）域名服务 DNS 。DNS 是一个域名服务的协议，提供域名到 IP 地址的转换，允许对域名资源进行分散管理。DNS 最初设计的目的是使邮件发送方知道邮件接收主机及邮件发送主机的 IP 地址，后来发展成为右服务于其它许多目标的协议。

4）简单邮件传送协议 SMTP。互连网标准中的电子邮件是一个单间的基于文件的协议，用于可靠、有效的数据传输。SMTP 作为应用层的服务，并不关心它下面采用的是何种传输服务，它可能过网络在 TCP 连接上传送邮件，或者简单地在同一机器的进程之间通过进程通信的通道来传送邮件。这样，邮件传输就独立于传输子系统，可在 TCP/IP 环境、OSI 运输层或 X.25 协议环境中传输邮件。

3.IP 地址

（1）IP 地址概述

所有 Internet 上的计算机都必须有一个 Internet 上唯一的编号作为其在 Internet 的标识，这个编号称为 IP 地址。每个数据报中包含有发送方的 IP 地址和接收方的 IP 地址。IP 地址是一个 32 位二进制数，即四个字节，为方便起见，通常将其表示为 w．x．y．z 的形式。其中 w、x、y、z 分别为一个 0～255 的十进制整数，对应二进制表示法中的一个字节。这样的表示叫做点分十进制表示。

例某台机器的ＩＰ地址为：

11001011 011100010 01000001 00000011

则写成点分十进制表示形式是：203．114．65．3。

IP 地址的取得方式，简单地说是大的组织先向 Internet 的 NIC（Network Information Center）申请若干 IP 地址，然后将其向下级组织分配，下级组织再向更下一级的组织分配 IP 地址。各子网的网络管理员将取得的 IP 地址指定给子网中的各台计算机。

（2）IP 地址的分类

为了便于对 IP 地址进行管理，同时考虑到网络的差异，因此 IP 地址分为五类，即 A 类到 E 类，如图 2.2－4 所示。1）A 类地址。A 类 IP 地址的最高位为 0，其前 8 位为网络地址，是在申请地址时由管理机构设定的，后 24 位为主机地址，可以由网络管理员分配

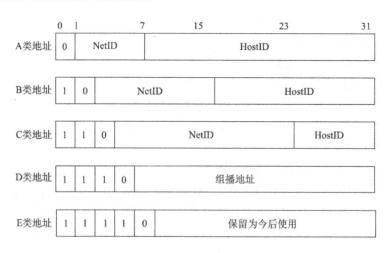

图 2.2－4　IP 地址分类

给本机构子网的各主机。一个 A 类地址最多可容纳 224(约 1600 万)台主机,全世界最多可有 27 = 128 个 A 类地址。当然这两个"最多"是纯从数学上讲的,事实上不可能达到,因为一个网络中有些地址另有特殊用途,不能分配给具体的主机和网络。

用 A 类地址组建的网络称 A 类网络。

2)B 类地址。B 类 IP 地址的前 16 位为网络地址,后 16 位为主机地址,且前两位为 10。B 类地址的第一个十进制整数的值在 128～191 之间。一个 B 类网络最多可容纳 216 即 65536 台主机。

3)C 类地址。C 类 IP 地址的前 24 位为网络地址,最后 8 位为主机地址,且前三位为 110。C 类地址的第一个整数值在 192－223 之间。一个 C 类网络最多可容纳 28－2 即 254 台主机。全世界共有 221(约 209 万)个 C 类地址。C 类地址如下所示:

218.198.57.190

202.102.224.68

(3)特殊 IP 地址

并不是所有的 IP 地址都能分配给主机,有些 IP 地址具有特定的含义,因而不能分配给主机。如回送地址、子网地址、广播地址等都不能用于分配给机主

(4)子网掩码

每个独立的子网有一个子网掩码。分组中含有目的计算机的 IP 地址,如何判断目的计算机与源计算机是在同一子网中,还是应将分组送往路由器由它向外发送呢? 这时要用到子网掩码。

子网掩码的表示形式与 IP 地址相似。如果一个子网的网络地址占 n 位(当然它的主机地址就是 32－n 位),则该子网的子网掩码的前 n 位为 1,后 32－n 位为 0。IP 协议正是根据主机的 IP 地址、目的 IP 地址、以及子网掩码进行相应运算来判断源 IP 地址与目的 IP 地址是否在同一子网内的。

4.协议端口

协议端口有以下三种:

(1)公认端口(Well Known Ports);

（2）注册端口（Registered Ports）；

（3）动态和/或私有端口（Dynamic and/or Private Ports）。

5. 常见端口

如果根据所提供的服务方式的不同，端口又可分为"TCP协议端口"和"UDP协议端口"两种。计算机之间相互通信一般采用这两种通信协议。

（1）TCP协议常见端口

1）FTP：定义了文件传输协议，使用21端口。常说某某计算机开了FTP服务便是启动了文件传输服务。下载文件，上传主页，都要用到FTP服务。

2）Telnet：它是一种用于远程登陆的端口，用户可以以自己的身份远程连接到计算机上，通过这种端口可以提供一种基于DOS模式下的通信服务。如以前的BBS是纯字符界面的，支持BBS的服务器将23端口打开，对外提供服务。

3）SMTP：定义了简单邮件传送协议，现在很多邮件服务器都用的是这个协议，用于发送邮件。如常见的免费邮件服务中用的就是这个邮件服务端口，所以在电子邮件设置中常看到有这么SMTP端口设置这个栏，服务器开放的是25号端口。

4）POP3：它是和SMTP对应，POP3用于接收邮件。通常情况下，POP3协议所用的是110端口。也是说，只要你有相应的使用POP3协议的程序（例如Foxmail或Outlook），就可以不以Web方式登陆进邮箱界面，直接用邮件程序就可以收到邮件（如是163邮箱就没有必要先进入网易网站，再进入自己的邮箱来收信）。

（2）UPD协议常用端口

1）HTTP：这是大家用得最多的协议，它就是常说的"超文本传输协议"。上网浏览网页时，就得在提供网页资源的计算机上打开80号端口以提供服务。常说"WWW服务""Web服务器"用的就是这个端口。

2）DNS：用于域名解析服务，这种服务在Windows NT系统中用得最多的。因特网上的每一台计算机都有一个网络地址与之对应，这个地址是常说的IP地址，它以纯数字＋"."的形式表示。然而这却不便记忆，于是出现了域名，访问计算机的时候只需要知道域名，域名和IP地址之间的变换由DNS服务器来完成。DNS用的是53号端口。

3）SNMP：简单网络管理协议，使用161号端口，是用来管理网络设备的。由于网络设备很多，无连接的服务就体现出其优势。

4）OICQ：OICQ程序既接受服务，又提供服务，这样两个聊天的人才是平等的。OICQ用的是无连接的协议，也是说它用的是UDP协议。OICQ服务器是使用8000号端口，侦听是否有信息到来，客户端使用4000号端口，向外发送信息。如果上述两个端口正在使用（有很多人同时和几个好友聊天），就顺序往上加。

6. 新一代因特网协议

（1）IPv4的局限性

IP第4版作为网络的基础设施而广泛地应用在Internet和难以计数的小型专用网络上，这就是著名的IPv4。IPv4是一个令人难以置信的成功的协议，它可以把数十个或数百个网络上的数以百计或数以千计的主机连接在一起，并已经在全球Internet上成功地连接了数以千万计的主机。

IPv4 虽然是一个非常强大的协议,但是随着互联网的发展,IPv4 仍存在着一些局限性。包括:

1) 地址空间的局限性;

2) 性能;

3) 安全性;

4) 自动配置。

(2) IPv6

IPv6 中的变化体现在以下五个重要方面:扩展地址、简化头格式、增强对于扩展和选项的支持、流标记、身份验证和保密等。

1) 扩展地址。IPv6 的地址结构中除了把 32 位地址空间扩展到了 128 位外,还对 IP 主机可能获得的不同类型地址作了一些调整,IPv6 中取消了广播地址而代之以任意点播地址。IPv4 中用于指定一个网络接口的单播地址和用于指定由一个或多个主机侦听的组播地址基本不变。

2) 简化的包头。IPv6 中包括总长为 40 字节的 8 个字段(其中两个是源地址和目的地址)。它与 IPV4 包头的不同在于,IPv4 中包含至少 12 个不同字段,且长度在没有选项时为 20 字节,但在包含选项时可达 60 字节。

3) 对扩展和选项支持的改进。在 IPv4 中可以在 IP 头的尾部加入选项,与此不同,IPv6 中把选项加在单独的扩展头中。通过这种方法,选项头只有在必要的时候才需要检查和处理。

4) 流标记。在 IPv4 中,对所有包大致同等对待,这意味着每个包都是由中间路由器按照自己的方式来处理的。路由器并不跟踪任意两台主机间发送的包,因此不能"记住"如何对将来的包进行处理。IPv6 实现了流概念,其定义如 RFC 1883 中所述:流指的是从一个特定源发向一个特定(单播或者是组播)目的地的包序列,源点希望中间路由器对这些包进行特殊处理。

5) 身份验证和保密。IPv6 使用了两种安全性扩展:IP 身份验证头(AH)首先由 RFC 1826(IP 身份验证头)描述,而 IP 封装安全性净荷(ESP)首先在 RFC 1827(IP 封装安全性净荷(ESP))中描述。报文摘要功能通过对包的安全可靠性的检查和计算来提供身份验证功能。发送方计算报文摘要并把结果插入到身份验证头中,接收方根据收到的报文摘要重新进行计算,并把计算结果与 AH 头中的数值进行比较。如果两个数值相等,接收方可以确认数据在传输过程中没有被改变;如果不相等,接受方可以推测出数据或者是在传输过程中遭到了破坏,或者是被某些人进行了故意的修改。

(3) IPv4 与 IPv6 比较

在 IPv4 中,所有包头以 32 位为单位,即基本的长度单位是 4 个字节。在 IPv6 中,包头以 64 位为单位,且包头的总长度是 40 字节。IPv6 协议对其包头定义了以下字段:

1) 版本。长度为 4 位,对于 IPv6,该字段必须为 6。

2) 类别。长度为 8 位,指明为该包提供了某种"区分服务"。

3) 流标签。长度为 20 位,用于标识属于同一业务流的包。

4) 净荷长度。长度为 16 位,其中包括包净荷的字节长度,即 IPv6 头后的包中包含的字节数。这意味着在计算净荷长度时包含了 IPv6 扩展头的长度。

5)下一个头。这个字段指出了 IPv6 头后所跟的头字段中的协议类型。与 IPv6 协议字段类似,下一个头字段可以用来指出高层是 TCP 还是 UDP,但它也可以用来指明 IPv6 扩展头的存在。

6)跳极限字段。长度为 8 位。每当一个节点对包进行一次转发之后,这个字段就会被减 1。如果该字段达到 0,这个包就将被丢弃。

7)源 IP 地址字段。长度为 128 位,指出了 IPv6 包的发送方地址。

8)目的地址。长度为 128 位,指出了 IPv6 包的接收方地址。这个地址可以是一个单播、组播或任意点播地址。

IPv4 头字段中有一些与 IPv6 头类似,但其中真正完全保持不变的只有第一个字段,即版本字段,因为在同一条线路上传输时,必须保证 IPv4 和 IPv6 的兼容性。下一个字段,即包头长度,则与 IPv6 无关,因为 IPv6 头是固定长度,IPv4 中需要这个字段是因为它的包头可能在 20 字节到 40 字节间变化。

服务类型字段与 IPv6 的流类别字段相似,但 TOS 的位置比该字段要靠后一些,而且在具体实现中也没有广泛应用。下一个字段是数据报长度,后来发展成了 IPv6 中的净荷长度。IPv6 的净荷长度中包含了扩展头,而 IPv4 数据报长度字段中则指明包含包头在内的整个数据报的长度。这样一来,在 IPv4 中,路由器可以通过将数据报长度减去包头长度来计算包的净荷长度,而在 IPv6 中则无须这种计算。

后面的三个字段是数据报 ID、分段标志和分段偏移值,它们都用于 IPv4 数据报的分段。由于 IPv6 中由源结点取代中间路由器来进行分段(后面将有更多关于分段的内容),这些字段在 IPv6 中变得不重要,并被 IPv6 从包头中去掉了。而生存期字段,正如上面所述,变成了跳极限字段。生存期字段最初表示的是一个包穿越 Internet 时以秒为单位的存在时间的上限。如果生存期计数值变为 0,该包将被丢弃。其原因是包可能会存在于循环路由中,如果没有方法让它消失,它可能会一直选路(或者直到网络崩溃为止)。在最初的规范中要求路由器根据转发包的时间与收到包的时间的差值(以秒为单位)来减小生存期的值。

协议字段,如前所述,指出在 IPv4 包中封装的高层协议类型。各协议对应的数值在最新版本的 RFC(现在是 RFC 1700)中可以查到。这个字段后来发展成为 IPv6 中的下一个头字段,其中定义了下一个头是一个扩展头字段还是另一层的协议头。

由于如 TCP 和 UDP 等高层协议均计算头的校验和,IPv4 头校验显得有些多余,因此这个字段在 IPv6 中已消失。对于那些真的需要对内容进行身份验证的应用,IPv6 中提供了身份验证头。

三、任务扩展

1. 课内学习任务

(1) 图形界面下查看和设置 IP 地址、子网掩码等。

点击【本地连接】,出现【本地连接 状态】对话框,如图 2.2-5 所示。点击【属性】,点击【Inernet 协议(TCP/IP)】出现【Inernet 协议(TCP/IP)属性】对话框,如图 2.2-6 所示。

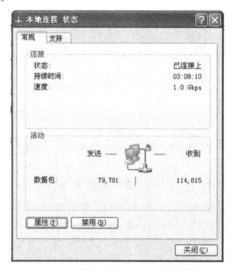

图 2.2－6　TCP/IP 属性

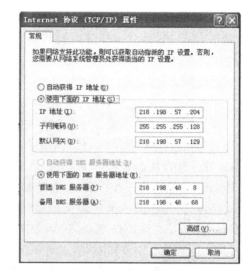

图 2.2－5　本地连接

（2）在控制台模式下显示 IP 地址、子网掩码等在控制台模式下输入 ipconfig/all，出现如图 2.2－7 所示画面，可以查看 IP 地址、子网掩码等。

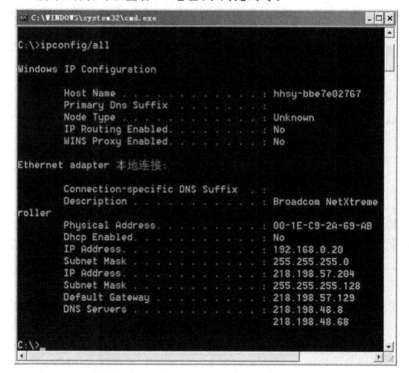

图 2.2－7　Ipconfig 查看本机 IP 信息

2. 课外学习任务

（1）了解你所在实验室 IP 地址的划分。

（2）Inernet 的应用。

任务三   互联网基本知识

一、任务描述

1. 知识型工作任务

(1)了解互联网基本知识。

(2)熟悉互联网的应用。

2. 技能型工作任务

(1)能识别 Internet 的各种基本功能。

(2)能识别 Intranet 和 Extranet 相关技术。

3. 教学组织形式

(1) 学生角色:网络公司职员或网络管理人员。

(2) 教学过程:在网络工程实训室或网络公司或某小型企业进行教学,学生扮演网络公司职员或网络管理人员寻求所需知识,教师扮演技术顾问和学生进行交流,对互联网基本内容和功能的介绍。

二、任务实施

随着 Internet 的高速发展,目前 Internet 上的各种服务已多达几万种,其中多数服务是免费提供的。而且随着 Internet 商业化的发展趋势,它所能提供的服务将会进一步增多。

Internet 的基本服务主要有以下几种:①万维网 WWW——World Wide Web;②域名系统 DNS;③电子邮件 E-mail;④文件传输 FTP。

除此之外,还有远程登录 Telnet,Usenet 新闻小组,电子公告栏 BBS,网络会议,IP电话,电子商务等应用。

1. 万维网服务

(1) 万维网概述

WWW(World Wide Web)简称 3W,有时也称为万维网,它拥有图形用户界面,使用超文本结构链接。WWW 系统有时也叫做 Web 系统。它是目前 Internet 上最方便与最受用户欢迎的信息服务类型,它是一种基于超文本(Hypertext)方式的信息查询工具,它的影响力已远远超出了计算机领域,并且已经进入广告、新闻、销售、电子商务与信息服务等各个行业。

WWW 由三部分组成:浏览器(Browser)、Web 服务器(Web Server)和超文本传送协议(HTTP Protocol)。浏览器向 Web 服务器发出请求,Web 服务器向浏览器返回其所需的万维网文档,然后浏览器解释该文档并按照一定的格式将其显示在屏幕上。浏览器与 Web 服务器使用 HTTP 协议进行互相通信。为了制定用户所要求的万维网文档,浏览器发出的请求采用 URL 形势描述。

（2）统一资源定位符

HTML 的超链接使用统一资源定位器 URL(Uniform Resource Locators)来定位信息资源所在位置。URL 描述了浏览器检索资源所用的协议、资源所在计算机的主机名，以及资源的路径与文件名。Web 中的每一页，以及每页中的每个元素——图形、热字或是帧——也都有自己唯一的地址。标准的 URL 如图 2.3－1 所示。

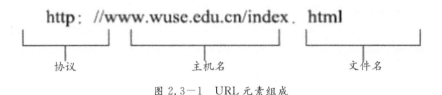

图 2.3－1　URL 元素组成

（3）超文本传输协议

超文本传输协议 HTTP(Hyper Transfer Protocol)是 Web 客户机与 Web 服务器之间的应用层传输协议。HTTP 是用于分布式协作超文本信息系统的、通用的、面向对象的协议，它可以用于域名服务或分布式面向对象系统。HTTP 协议是基于 TCP/IP 之上的协议。HTTP 会话过程包括以下四个步骤：连接(Connection)，请求(Request)，应答(Response)，关闭(Close)。当用户通过 URL 请求一个 Web 页面时，在域名服务器的帮助下获得要访问主机的 IP 地址，浏览器与 Web 服务器建立 TCP 连接，使用默认端口 80。浏览器通过 TCP 连接发出一个 HTTP 请求消息给 Web 服务器，该 HTTP 请求消息

包含了所要的页面信息。Web 服务器收到请求后，将请求的页面包含在一个 HTTP 响应消息中，并向浏览器返回该响应消息。浏览器收到该响应消息后释放 TCP 连接，并解析该超文本文件显示在指定窗口中。

2. 域名系统

IP 地址是访问 Internet 网络上某一主机所必须的标识，它是一个用点分隔的 4 个十进制数，例如 119.75.213.50 代表百度的 WWW 服务器，但是这种枯燥的数字是很难记忆的，因此需要使用容易记忆的名字代表主机域名(Domain Name)，例如，www. baidu. com 代表搜索引擎 Baidu 上的 WWW 服务器的名字。Internet 使用域名系统 DNS(Domain Name System)来进行主机名字与 IP 地址之间的转换

如果要为 IP 地址取得英文名字，可以通过层次命名系统来实现，有两种方法给 Internet 上的站点命名。

（1）组织分层(Organizational Hierarchy)

层次命名方法亦称组织分层，组织分层的指导思想是这样的，首先将 Internet 网络上的站点按其所属机构的性质，粗略地分为几类，形成第一级域名，如图 2.3－2 所示。

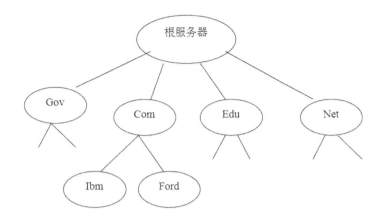

图 2.3-2　一级域名

一级域名分类用途：

1).com 用于商业机构或公司；

2).edu 用于大中小学等教育机构；

3).gov 用于各级政府机构；

4).int 用于国际性组织；

5).mil 用于军事组织或机构；

6).net 用于网络服务或管理机构；

7).org 用于非盈利慈善组织及其它机构。

（2）地理分层（Geographical Hierarchy）

按照站点所在地的国名的英文名字的两个字母缩写来分配第一级域名的方法叫地理分层。由于 Internet 网已遍及全世界，因此地理分层是一种更好的域名命名方法。然后在此基础上，再按上述组织分层方式命名。例如，www.pku.edu.cn 就是中国北京大学 WWW 服务器的域名，cn 是中国的缩写。

3. 电子邮件(E-mail)服务

电子邮件(Electronic Mail)简称为 E-mail，它是一种通过 Internet 与其他用户进行联系的快速、简便、价廉的现代化通信手段。电子邮件最早出现在 ARPANET 中，是传统邮件的电子化。它建立在 TCP/IP 的基础上，将数据在 Internet 上从一台计算机传送到另一台计算机。电子邮件可以将文字、图像、语音等多种类型的信息集成在一个邮件中传送，因此它已经成为多媒体信息传送的重要手段。

一个电子邮件系统主要由三部分组成：用户代理（User Agent）、邮件服务器和电子邮件使用的协议。

4. 文件传输(FTP)服务

（1）文件传输的概念

FTP(File Transfer Protocol)意为文件传输协议，用于管理计算机之间的文件传送。FTP 服务可以在两台远程计算机之间传输文件，网络上存在着大量的共享文件，获得这些文件的主要方式是 FTP，FTP 服务是基于 TCP 的连接，端口号为 21。若想获取 FTP

服务器的资源,需要拥有该主机的 IP 地址(主机域名)、账号、密码。但许多 FTP 服务器允许用户用 anonymous 用户名登录。口令任意,一般为电子邮件地址。

FTP 可以实现文件传输的两种功能:

1)下载 download:从远程主机向本地主机复制文件;

2)上载 upload:从本地主机向远程主机复制文件。

(2) FTP 文件传输方式

文件传送服务是一种实时的联机服务。在进行文件传送服务时,首先要登录到对方的计算机上,登录后只可以进行与文件查询、文件传输相关的操作。

使用 FTP 可以传输多种类型的文件,如文本文件、二进制可执行程序、声音文件、图像文件与数据压缩文件等。

(3) 如何使用 FTP

使用 FTP 的条件是用户计算机和向用户提供 Internet 服务的计算机能够支持 FTP 命令。UNIX 系统与其它的支持 TCP/IP 协议的软件都包含有 FTP 实用程序。FTP 服务的使用方法很简单,启动 FTP 客户端程序,与远程主机建立链接,然后向远程主机发出传输命令,远程主机在接收到命令后,就会立即返回响应,并完成文件的传输。

FTP 提供的命令十分丰富,涉及到文件传输、文件管理、目录管理与连接管理等方面。根据所使用的用户帐户不同,我们可将 FTP 服务分为以下两类:普通 FTP 服务和匿名 FTP 服务。

用户在使用普通 FTP 服务时,必须建立与远程计算机之间的链接。为了实现 FTP 连接,首先要给出目的计算机的名称或地址,当连接到宿主机后,一般要进行登录,在检验用户 ID 号和口令后,连接才得以建立。

三、任务扩展

1. 课内学习任务

(1)互联网的基本知识。

(2)了解你所在院系使用的 DNS。

(3)了解所在院系使用的 FTP 服务。

2. 课外学习任务

(1)练习使用 FTP 下载学习资料。

(2)收发电子邮件。

任务四　项目方案设计

一、任务描述

1. 知识型工作任务

(1)天宇职业技术学院信息工程系网络维护的需求分析。

(2)网络维护的方案设计。

2．技能型工作任务

(1)初步设计方案。

(2)和客户沟通进行方案的修改;能识别常见的广域网设备。

(3)最终方案设计。

3．教学组织形式

(1)学生角色:网络公司职员或网络管理人员。

(2)教学过程:在网络工程实训室或网络公司或某小型企业进行教学,学生扮演网络公司职员或网络管理人员根据项目方案寻求所需知识,教师扮演客户及技术顾问和学生进行项目交流。学生积极和客户进行交流,技术顾问进行指导,学生最后完成任务。

二、任务实施

1．需求分析

需求一:信息工程系现有计算机近 500 台,网络中心分配的地址共 125 个地址,必须解决地址不足的问题。

分析一:必须使用代理解决地址不足的问题。

需求二:以前因为网络中的计算机比较多网络速度比较慢,必须采取措施提高网络速度。

分析二:必须划分 VLAN 或划分子网解决问题。

需求三:目前网络病毒比较多,必须采取措施防止病毒的爆发和相互传染。

分析三:使用 ACL(访问控制列表)解决问题。

需求四:如果网络中出现速度慢或网络不通时能够及时发现问题和解决问题。

分析四:必须使用一些工具快速找到问题并解决问题。

2．方案设计

根据需求进行如下的方案设计,具体的网络拓扑见图 2.4—1。

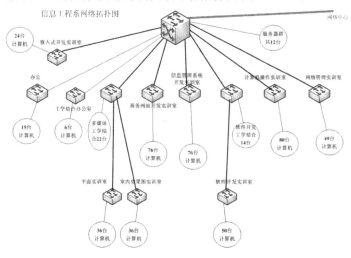

图 2.4—1 网络拓扑结构图

3．地址分配方案

学生可以根据实验室现有的网络进行地址分配。

三、任务扩展

1．课内学习任务

（1）了解你所在部门地址分配情况等。

（2）了解你所在学校地址分配情况。

2．课外学习任务

了解你所在学校 VLAN 划分和子网划分情况。

任务五　局域网设备安全配置

一、任务描述

1．学习型工作任务

按照图 1.4－1 方案设计的要求，根据各个学校使用的网络设备，然后完成如下工作：

1）VLAN 的划分；

2）ACL 的配置；

3）软件防火墙的配置。

2．技能目标

（1）能进行交换机端口安全配置。

（2）能配置交换机 ACL（访问控制列表）。

（3）能进行软硬件防火墙的配置。

3．教学组织形式

（1）学生角色：网络公司职员或网络管理人员。

（2）教学过程：在网络工程实训室或网络公司或某小型企业进行教学，学生扮演网络公司职员或网络管理人员根据项目方案完成布线，教师扮演客户及技术顾问和学生进行项目交流。学生积极和客户进行交流，技术顾问进行指导，学生最后完成任务。

二、任务实施

1．访问控制列表

（1）访问控制列表 ACL 概述

访问控制列表 ACL（Access Control List），最直接的功能便是包过滤。通过接入控制列表（ACL）我们可以在路由器、三层交换机上进行网络安全属性配置，可以实现对进入到路由器、三层交换机的输入数据流进行过滤。

（2）访问控制列表的类型

访问控制列表的类型主要分为 IP 标准访问控制列表（standard IP ACL）和 IP 扩展

访问控制列表(extended IP ACL);主要的动作为允许(permit)和禁止(deny);主要的应用方法是入栈(in)应用和出栈(out)应用。

1) 编号的访问控制列表

在路由器上可配置编号的访问控制列表。具体见以下介绍。

① IP 标准访问控制列表(Standard IP ACL)。所有的访问控制列表都是在全局配置模式下生成的。IP 标准访问控制列表的格式如下：

Access-list listnumber { permit | deny } address【wildcard - mask】

其中:listnumber 是规则序号,标准访问控制列表(Standard IP ACL)的规则序号范围是 1-99;Permit 和 deny 表示允许或禁止满足该规则的数据包通过;Address 是源地址 IP;wildcard - mask 是源地址 IP 的通配比较位,也称反掩码。

例如:(config)♯access-list 1 permit 172.16.0.0 0.0.255.255

(config)♯access-list 1 deny 0.0.0.0 255.255.255.255

② IP 扩展访问控制列表(Extended IP ACL)。IP 扩展访问控制列表都也是在全局配置模式下生成的。IP 扩展访问控制列表的格式如下：

Access-list listnumber { permit | deny } protocol source source-wildcard - mask destination destination-wildcard - mask【operator operand】

其中:扩展访问控制列表(Standard IP ACL)的规则序号范围是 101-199;protocol 是指定的协议,如 TCP、UDP 等;destination 是目的地址;destination-wildcard-mask 是目的地址的反掩码;operator 和 operand 用于指定端口范围,缺省为全部端口号 0～65535,只有 TCP 和 UDP 协议需要指定的端口范围。

扩展访问控制列表(Standard IP ACL)支持的操作符及其语法如图表 2.5-1。

表2.5-1 **扩展访问控制列表支持的操作符及其语言**

操作符及其语法	意义
eg portnumber	等于端口号 portnumber
gt portnumber	大于端口号 portnumber
lt portnumber	小于端口号 portnumber
neg portnumber	不等于端口号 portnumber
range portnumber1 portnumber2	介于端口号 portnumber1 和 portnumber2 之间

③ ACL 命令中的反掩码。反掩码与子网掩码算法相似,但写法不同,区别是:反掩码中,0 表示需要比较,1 表示不需要比较。

④入栈(In)应用和出栈(Out)应用。这两个应用是相对于设备的某一端口而言,当要对从设备外的数据经端口流入设备时做访问控制,就是入栈(In)应用;当要对从设备内的数据经端口流出设备时做访问控制,就是出栈(In)应用。

2)命名的访问控制列表

在三层交换机上配置命名的 ACL。可以采用创建 ACL、接口上应用 ACL、查看 ACL 这三个步骤进行。

①创建 ACL。在特权配置模式,可以通过表 2.5-2 所示步骤来创建一条 Standard IP ACL。

表2.5-2 **创建 Standard IP ACL 步骤**

	命令	含义
步骤1	configure terminal	进入全局配置模式。
步骤2	ip access-list standard {name}	用数字或名字来定义一条 Standard IP ACL 并进入 access-list 配置模式。
步骤3	deny {source source-wild-card host source any} or permit {source source-wild-card host source any}	在 access-list 配置模式,申明一个或多个的允许通过 (permit) 或丢弃 (deny) 的条件以用于交换机决定报文是转发或还是丢弃。 host source 代表一台源主机,其 source-wildcard 为 0.0.0.0。?? any 代表任意主机,即 source 为 0.0.0.0, source-wild 为 255.255.255.255。
步骤4	end	退回到特权模式。
步骤5	show access-lists [name]	显示该接入控制列表,如果您不指定 access-list 及 name 参数,则显示所有接入控制列表。

例:创建一条 IP Standard Access－list,该 ACL 名字叫 deny－host192.168.l2.x:有两条 ACE,第一条 ACE 拒绝来自 192.168.12.0 网段的任一主机,第二条 ACE 允许其它任意主机:

Switch (config) ♯ ip access－list standard deny－host192.168.l2.x

Switch (config－std－nacl) ♯ deny 192.168.12.0 0.0.0.255

Switch (config－std－nacl) ♯ end

Switch ♯ show access－list

② 创建 Extended IP ACL。在特权配置模式,可以通过如表 2.5－2 所示步骤来创建一条 Extended IP ACL。

②接口上应用 ACL。在特权模式,通过如表 2.5－2 所示步骤将 IP ACLs 应用到指定接口上 。

③显示 ACLs 配置 。可以通过表 2.5－1 命令来显示 ACLs 配置。

例 1. 显示名字为 ip_acl 的 Standard IP access－lists 的内容:

Router ♯ show ip access－lists ip_acl

Standard ip access list ip_acl

Permit host 192.168.12.1

Permit host 192.168.9.1

例 2. 显示名字为 ip_ext_acl 的 Extended IP access－lists 的内容:

Router ♯ show ip access－lists ip_ext_acl

Extended ip access list ip_ext_acl

permit tcp 192.168.0.0 255.255.0.0 host 192.168.1.1 eq www

permit tcp 192.167.0.0 255.255.0.0 host 192.168.1.1 eq www

例 3.显示所有 IP access－lists 的内容:

Switch ♯ show ip access－lists

Standard ip access list ip_acl

Permit host 192.168.12.1

Permit host 192.168.9.1

Extended ip access list ip_ext_acl

permit tcp 192.168.0.0 0.0.255.255 host 192.168.1.1 eq www

permit tcp 192.167.0.0 0.0.255.255 host 192.168.1.1 eq www

例4.显示所有access lists的内容：

Router ♯ show access−lists

Standard ip access list ip_acl

Permit host 192.168.12.1

Permit host 192.168.9.1

Extended ip access list ip_ext_acl

permit tcp 192.168.0.0 0.0.255.255 host 192.168.1.1 eq www

permit tcp 192.167.0.0 0.0.255.255 host 192.168.1.1 eq www

Extended MAC access list macext deny host 0x00d0f8000000 any aarp permit any any

2.访问控制列表的配置

(1)定义一个ACL。

(2)端口设定ACL。

三、任务扩展

1.课内学习任务

(1)防火墙概述。

(2)防火墙的发展历程。

(3)防火墙的分类。

(4)防火墙的体系结构。

2.课外学习任务

上网查询关于网络数据捕获软件的相关内容。

任务六　网络数据捕获分析

一、任务描述

1.知识型工作任务

(1)了解Sniffer的安装和捕获设置。

(2)捕获HTTP数据包分析三次握手。

(3)捕获FTP数据包,分析用户名和密码。

2.技能目标

(1)能够正确安装Sniffer等捕获工具。

（2）能根据用户需求过滤数据包。

（3）能简单分析数据包。

3. 教学组织形式

（1）学生角色：网络公司职员或网络管理人员。

（2）教学过程：在网络工程实训室或网络公司或某小型企业进行教学，学生扮演网络公司职员或网络管理人员寻求所需知识，教师扮演客户及技术顾问和学生进行项目交流。学生积极和客户进行交流，技术顾问对学生进行指导，学生最后完成任务。

二、任务实施

1. Sniffer **软件简介**

（1）Sniffer 软件概述

Sniffer，中文可以翻译为嗅探器，是一种基于被动侦听原理的网络分析方式。使用这种技术方式，可以监视网络的状态、数据流动情况以及网络上传输的信息。Sniffer 技术被广泛地应用于网络故障诊断、协议分析、应用性能分析和网络安全保障等各个领域。

（2）Sniffer 软件功能介绍

1）基本功能。

① 网络安全的保障与维护；

② 网络链路运行情况的监测；

③ 网络上应用情况的监测；

④ 强大的协议解码能力，用于对网络流量的深入解析；

⑤ 网络管理、故障报警及恢复。

2）实时监控统计和告警功能。

① 网络统计；

② 协议统计；

③ 差错统计；

④ 站统计；

⑤ 帧长统计。

3）Sniffer 实时专家分析系统。

Sniffer 与其他网络协议分析仪最大的差别在于它的人工智能专家系统（Expert System）。简单地说，Sniffer 能自动实时监视网络，捕捉数据，识别网络配置，自动发现网络故障并进行告警，它能指出：

①网络故障发生的位置，以及出现在 OSI 第几层；

② 网络故障的性质，产生故障的可能的原因以及为解决故障建议采取的行动；

③ Sniffer 还提供了专家配制功能，用户可以自已设定专家系统判断故障发生的触发条件。

4）OSI 全协议七层解码 。

Sniffer 可以在全部七层 OSI 协议上进行解码，目前没有任何一个系统可以做到对协议有如此透彻的分析；它采用分层方式，从最低层开始，一直到第七层，甚至对 ORACAL

数据库、SYBASE 数据库都可以进行协议分析;每一层用不同的颜色加以区别。

收集网络利用率和错误等在进行流量捕获之前首先选择网络适配器,方法是单击"File"、"select settings",如图 2-16 所示,确定从计算机的哪个网络适配器上接收数据。

2. **报文捕获解析**

(1)捕获面板

报文捕获功能可以在报文捕获面板中进行完成,图 2.6-1 显示是捕获面板的功能图,图中显示的是处于开始状态的面板。

(2)捕获过程报文统计

在捕获过程中可以如图 2.6-2 所示的专家捕获和分析界面,单击工具栏当中的一些工具可以看到更多的捕获图。

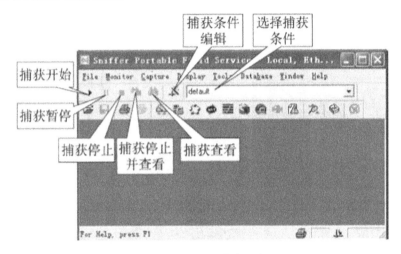

图 2.6-1 开始捕获状态

单击"Dashboard"按钮,出现如图 2.6-3 所示的"Dashboard"对话框。

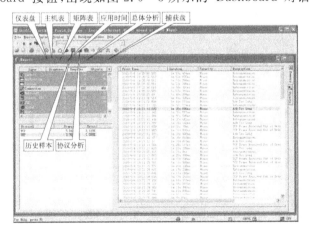

图 2.6-2 专家捕获和分析界面

单击"Host Table"按钮,出现如图 2.6-4 所示的"Host Table"对话框,统计各个主机发包情况。

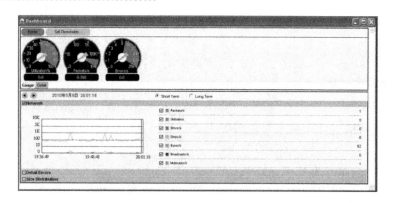

图 2.6－3　Dashboard 界面

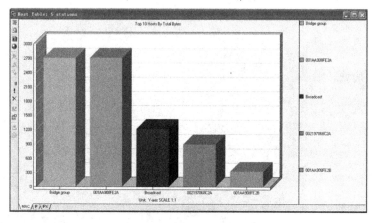

图 2.6－4　"Host Table"界面

单击"Protocol Distribution"按钮，出现如图 2.6－5 所示的"Protocol Distribution"对话框，统计各种协议包的情况。

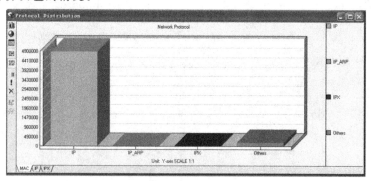

图 2.6－5　"Protocol Distribution"界面

（3）捕获报文查看

Sniffer 软件提供了强大的分析能力和解码功能。如图 2.6－6 所示，对于捕获的报文提供了一个 Expert 专家分析系统进行分析，还有解码选项及图形和表格的统计信息。

专家分析　数据分析　矩阵分析　主机分析　协议分析　统计分析

图 2.6－6　专家分析界面

1）专家分析。

专家分分析系统提供了一个智能的分析平台,对网络上的流量进行了一些分析对于分析出的诊断结果可以查看在线帮助获得。对于某项统计分析可以通过用鼠标双击此条记录可以查看详细统计信息且对于每一项都可以通过查看帮助来了解起产生的原因。

2）数据分析。

如图 2.6－7,捕获报文进行解码的显示,通常分为三部分,最上面部分为数据包的简单分析,中间为数据包的详细分析,下面为数据包的二进制代码。目前大部分此类软件结构都采用这种结构显示。工具软件只是提供一个辅助的手段。

图 2.6－7　捕获报文解码

3）统计分析。

对于统计分析、矩阵分析、主机分析、协议分析界面比较简单,可以通过操作很快掌握这里就不再详细介绍了。

（4）设置捕获条件

1）基本捕获条件。

基本的捕获条件有两种:

a. 链路层捕获,按源 MAC 和目的 MAC 地址进行捕获,输入方式为十六进制连续输入，如:00E0FC123456 。

b. IP 层捕获,按源 IP 和目的 IP 进行捕获。输入方式为点间隔方式,如:10.10.1.1

。如果选择 IP 层捕获条件则 ARP 等报文将被过滤掉。

如图 2.6-8 所示可以设置基本的捕获条件。

图 2.6-8　设置基本捕获条件

2)高级捕获条件

在"Advance"页面下,你可以编辑你的协议捕获条件,如图 2.6-9 所示。

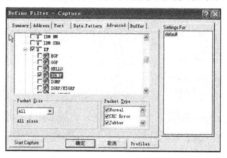

图 2.6-9　高级捕获条件设置

协议选择树中可以选择需要捕获的协议条件,如果什么都不选,则表示忽略该条件,捕获所有协议。在捕获帧长度条件下,可以捕获,等于、小于、大于某个值的报文。在错误帧是否捕获栏,可以选择当网络上有如下错误时是否捕获。在保存过滤规则条件按钮"Profiles",可以将当前设置的过滤规则,进行保存,在捕获主面板中,可以选择保存的捕获条件。

3.捕获 HTTP 数据包分析三次握手

(1)设置捕获条件

单击"Capture"菜单下的"Define Filter"菜单,出现如图 2.6-10 所示的"Define Filter"对话框,单击"Advanced"属性页,选中【IP】→【TCP】→【Http】,单击下面的"Start Capture",开始捕获 Tttp 数据包。

图 2.6－10　设置基本捕获条件

（2）打开浏览器，在地址栏中输入"http://www.baidu.com"，停止捕获，如图 2.6－11 所示，其中编号为 1、2、3 的三个数据包实现了三次握手。

图 2.6－11　高级捕获条件设置

4.捕获 FTP 数据包，分析用户名和密码

（1）设置捕获条件

单击"Capture"菜单下的"Define Filter"菜单，出现如图 2.6－12 所示的"Define Filter"对话框，单击"Advanced"属性页，选中【IP】→【TCP】→【FTP】，单击下面的"Start Capture"，开始捕获 FTP 数据包。

图 2.6－12　设置 FTP 捕获条件

（2）打开浏览器，在地址栏中输入"ftp://218.198.57.198"，在如图 2.6－13 所示的 FTP 登录对话框中输入用户名和密码，停止捕获，如图 2.6－14 所示，其中编号为 1、2、3 的三个数据包实现了三次握手。

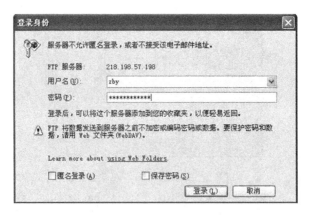

图 2.6—13　登录 FTP 服务器

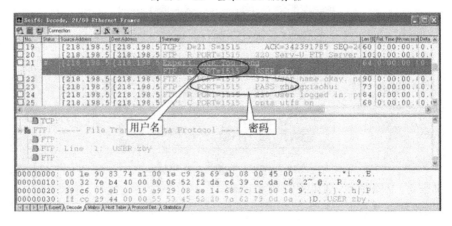

图 2.6—14　FTP 报文分析

三、任务扩展

1. 课内学习任务

掌握 Sniffer 网络数据捕获软件的试用。

2. 课外学习任务

(1)了解科来等其它捕获工具。

(2)了解其它网络维护工具等。

任务七　常见网络故障分析

一、任务描述

1. 知识型工作任务

(1)使用常见工具维护网络。

(2)分析常见网络故障。

2. 技能目标

（1）掌握网络故障排除的基本方法和步骤。

（2）能使用故障排除常用工具软件。

（3）能分析基本的网络故障问题。

3. 教学组织形式

（1）学生角色：网络公司职员或网络管理人员。

（2）教学过程：在网络工程实训室或网络公司或某小型企业进行教学，学生扮演网络公司职员或网络管理人员寻求所需知识，教师扮演客户及技术顾问和学生进行项目交流。学生积极和客户进行交流，技术顾问对学生进行指导，学生最后完成任务。

二、任务实施

1. 常用的网络工具简介

（1）Ping 工具

Ping 的主要作用是验证与远程计算机的连接。该命令只有在安装了 TCP/IP 协议后才可以使用。

通过 Ping 命令向远程计算机通过 ICMP 协议发送特定的数据包，然后等待回应并接收返回的数据包，对每个接收的数据包均根据传输的消息进行验证。默认情况下，传输四个包含 32 字节数据（由字母组成的一个循环大写字母序列）的回显数据包。过程如下：

1）通过将 ICMP 回显数据包发送到计算机并侦听回显回复数据包来验证与一台或多台远程计算机的连接。

2）每个发送的数据包最多等待一秒。

3）打印已传输和接收的数据包数。

Ping 命令用法如下：

ping [－t][－a][－ncount][－l length][－f][－i ttl][－v tos][－r count][－s count][－j computer－list][－k computer－list][－w timeout]destination－list

ping 命令参数含义见图表 2.7－1。

（2）Ipconfig 工具

该工具主要用于发现和解决 TCP/IP 网络问题，可以用该工具获得主机配置信息，包括 IP 地址、子网掩码和默认网关等等。

Ipconfig 工具具有一下性能：

1）查看所有配置信息：ipconfig /all。

单击【开始】→【运行】，在文本框中输入"cmd"，在命令窗口中输入命令：ipconfig /all，如图 2.7－1 所示。

表2.7-1 **ping** 命令的参数

编号	参数	描述
1	-t	Ping 指定的计算机直到中断。
2	-a	将地址解析为计算机名。
3	-n count	发送 count 指定的 ECHO 数据包数。默认值为 4。
4	-i length	发送包含由 length 指定的数据量的 ECHO 数据包。默认为 32 字节。最大 65 527。
5	-f	在数据包中发送"不要分段"标志。数据包就不会被路由上的网关分段。
6	-i ttl	将"生存时间"字段设置为 ttl 指定的值。
7	-v tos	将"服务类型"字段设置为 tos 指定的值。
8	-r count	在"记录路由"字段中记录传出和返回数据包的路由。count 最少 1 台,最多 9 台计算机。
9	-s count	指定 count 指定的跃点数的时间戳。
10	-j computer-list	利用 computer-list 指定的计算机列表路由数据包。连续计算机可以被中间网关分隔(路由稀疏源)IP 允许的最大数量为 9。
11	-k computer-	list 利用 computer-list 指定的计算机列表路由数据包。连续计算机不能被中间网关分隔(路由严格源)IP 允许的最大数量为 9。
12	-w timeout	指定超时间隔,单位为毫秒。
13	destination-list	指定要 ping 的远程计算机。

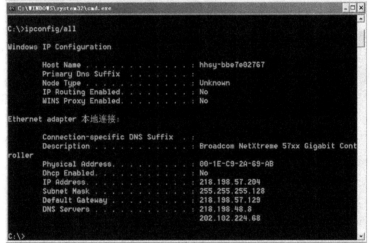

图 2.7-2 Ipconfig/all

2)刷新配置。

使用 ipconfig /release_all 和 ipconfig /renew_all 命令,手动释放或更新客户的 IP 配置租约。

(3)网络连接统计工具——NETSTAT

该工具显示了您的计算机上的 TCP 连接表、UDP 监听者表以及 IP 协议统计。

1)显示所有连接:netstat-a。

单击【开始】→【运行】,在文本框中输入"cmd",在命令窗口中输入命令:netstat-a,如图 2.7-2 所示。

2)显示所有协议的统计信息:netstat-s。

单击【开始】→【运行】,在文本框中输入"cmd",在命令窗口中输入命令:netstat -s,如图 2.7-3 所示。

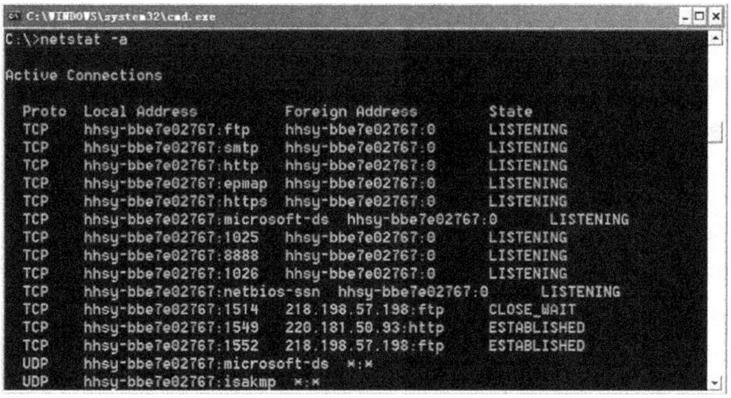

图 2.7－2　nestat－a 信息

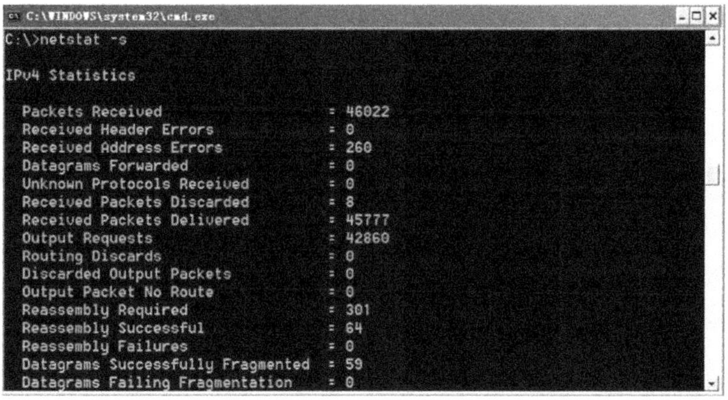

图 2.7－3　nesta－s 信息

（4）tracert 命令

Tracert 命令用来显示数据包到达目标主机所经过的路径，并显示到达每个节点的时间。命令功能同 Ping 类似，但它所获得的信息要比 Ping 命令详细得多，它把数据包所走的全部路径、节点的 IP 以及花费的时间都显示出来。该命令比较适用于大型网络。Tracert 命令用 IP 生存时间（TTL）字段和 ICMP 错误消息来确定从一个主机到网络上其他主机的路由。

Tracert 工作原理为：通过向目标发送不同 IP 生存时间（TTL）值的"Internet 控制消息协议（ICMP）"回应数据包，Tracert 诊断程序确定到目标所采取的路由；要求路径上的每个路由器在转发数据包之前至少将数据包上的 TTL 递减 1；数据包上的 TTL 减为 0 时，路由器应该将"ICMP 已超时"的消息发回源系统。

2. 常用命令的使用

（1）判断本地的 TCP/IP 协议栈是否已安装

Ping 127.0.0.1 或 Ping 机器名

说明：若显示"Reply from 127.0.0.1....."信息，则说明已安装。

（2）判断能否到达指定 IP 地址的远程计算机

Ping 192.168.0.1 或 202.102.245.25

说明:若显示"Reply …"信息则说明能够到达,若显示"Request timed out"则说明不能够到达。

(3) 根据域名获得其对应的 IP 地址

Ping www.domain.com

说明:显示的"Reply from xxx.xxx.xxx.xxx…"信息则 xxx.xxx.xxx.xxx 就是域名对应的 IP 地址。

(4) 根据 IP 地址获取域名

Ping —a xxx.xxx.xxx.xxx

说明:若显示"Pinging www.domain.com[xxx.xxx.xxx.xxx]…"信息,则 www.domain.com 就是 IP 对应的域名。

(5) 根据 IP 地址获取机器名

Ping —a 127.0.0.1

说明:若显示"Pinging janker [127.0.0.1]…"信息,则 janker 就是 IP 对应的机器名。此方法只能反解本地的机器名。

(6) Ping 指定的 IP 地址 30 次

Ping —n 30 202.102.245.25

(7) 用 400 字节长的包 Ping 指定的 IP 地址

Ping —l 400 202.102.245.25

(8) 查看所用计算机所有配置信息

Ipconfig /all

(9) netstat 显示所有连接

netstat – a

(10) netstat 显示所有协议的统计信息

netstat – s

(11) tracert 命令操作步骤

路由跟踪 www.edu.cn。

tracert www.edu.cn

3. 常见网络故障分析

说起以太网故障,根据经验发现大多数的网络故障都是与硬件有关的,比如说电缆、中继器、HUB、Switch 和网卡等。对于以太网典型故障的查找,一般过程如下:

①收集一切可以收集到的有价值的信息,分析故障的现象。

②将故障定位到某一特定的网段,或者是单一独立功能组(模块),也可以是某一用户。

③确认到底是属于特定的硬件故障还是软件故障。

④动手修复故障。

⑤验证故障确实被排除。

为了更具体说明故障分析方法,下面列举典型的网络故障加以说明。

(1) 物理层故障分析与处理

1)本地故障

在进行硬件故障查找以前,要确认其他用户也不能到这台机器上,这就排除了用户帐号的错误。对一个单一的站点来说,典型的故障多发生在坏的电缆、坏的网卡、驱动软件、或是工作站设置的不正确等问题上。

2)电缆连接问题

目测连接性:检查连接性常用的方法就是检查 HUB、收发器以及近期出产的网卡上的状态灯。常见问题有:

①劣质网线导致工作站无法接通;

②不正确的网线线序造成上网不正常;

③五类双绞线强行运行在千兆以太网从而影响联通性;

④双绞线的连接距离。

(2) 数据链路层故障分析与处理

1)检查链路层的问题:

①碰撞问题;

②帧级错误;

③利用率过高。

2)链路层问题解决方法

①有故障时首先检查网卡;

②确认网线和网络设备工作正常;

③检查驱动程序是否完好;

④正确对网卡进行设置;

⑤禁用网卡的 PnP 功能。

(3) 网络层故障分析与处理

1)没有启用路由选择协议;

2)不正确的网络 ip 地址;

3)不正确的子网掩码;

4) Dns 和 ip 的不正确地绑定;

5) 对于 igrp 使用了错误的自治系统号。

(4) 传输层及高层故障分析与处理

1)协议故障

排除步骤:

①检查电脑是否安装 tcp/ip 和 netbeui 协议,如果没有,建议安装这两个协议,并把 tcp/ip 参数配置好,然后重新启动电脑。

②在"控制面板"的"网络"属性中,单击"文件及打印共享"按钮,在弹出的"文件及打印共享"对话框中检查一下,看看是否选中了"允许其他用户访问我的文件"和"允许其他电脑使用我的打印机"复选框,或者其中一个。如果没有,全部选中或选中其中一个,否则将无法使用共享文件夹。

③ 系统重新启动后,双击"网上邻居",将显示网络中的其他电脑和共享资源。如果仍看不到其他电脑,可以使用"查找"命令,能找到其他电脑,就好了。

④ 在"网络"属性的"标识"中重新为该电脑命名,使其在网络中具有唯一性。

2)配置故障

配置故障排错:首先检查发生故障电脑的相关配置,如果发现错误,修改后在测试相应的网络服务能否实现;如果没有发现错误,则测试系统内的其他电脑是否有类似的故障,如果有同样的故障,说明问题出在网络设备上,如交换机,反之,检查被访问电脑对该访问电脑所提供的服务作认真的检查。

3)操作系统故障

①许多机器出现可以成功登陆网页,但没法浏览信息,或是总是出现"该页无法显示"

首先应检查 tcp/ip 协议是否已安装,还有其设置是否正确。打开"控制面板—网络"项,双击 tcp/ip 的属性,检查 ip 地址、dns、配置、网关等是否设置正确。接着检查 ie 浏览器的"连接"一项,不要设置为"用代理服务器连接",如果这么做之后,还是无法浏览网页,那肯定是操作系统有问题,这时可以考虑重新安装或修复操作系统和 ie 浏览器。

②所有电脑都有"网上邻居"图标,但是打开"网上邻居"后,什么也没有。

这种问题多发生在自己的电脑上,请检查"设备管理器"中的"网络适配器"属性中的驱动程序是否正常。

③ 服务器或服务的可达性。

如果使用协议分析仪,就要捕获 3 至 4 分钟的数据包来分析。看一下是否有从服务器发出的延时请求,并找出是哪个服务器发出的,如果有延时请求,则表明服务器不能完全处理所加载的任务,每一个延时请求作废一个任务请求。

4)蠕虫病毒

蠕虫病毒对网络速度的影响越来越严重。这种病毒导致被感染的用户只要一连上网就不停地往外发邮件,病毒选择用户个人电脑中的随机文档附加在用户机子上的通讯簿的随机地址进行邮件发送。造成网络瘫痪,个人电脑无法使用,严重将破坏计算机操作系统。因此,我们因时常注意各种新病毒通告,了解各种病毒特征;及时升级所有杀毒软件。计算机也要及时升级、安装系统补丁程序,以提高系统的安全性和可靠性。

任务八 项目测试和总结

一、任务描述

1. 学生进行项目整体测试,教师抽查,学生完成简单的测试报告。

2. 学生整理需求分析、方案设计、VLAN 方案设计、ACL 方案设计、防火墙方案设计、测试报告等。

3. 学生独立完成项目总结。

二、任务实施

(1)项目测试

主要包括连通性测试,对照网络拓扑图进行安全测试。

（2）项目测试报告

记录测试结果和总结测试结果。

（3）整理相应文档，文档包括需求分析、方案设计、VLAN 方案设计、ACL 方案设计、防火墙方案设计、测试报告等。

（4）撰写项目总结

项目总结内容包括：方案设计的先进性、科学性、合理性，项目学习的心得和体会。

参考文献

[1]谢新华.计算机网络基础.上海:华东师范大学出版社,2009.

[2]宋一兵.计算机网络基础与应用.2版.北京:人民邮电出版社,2009.

[3]王协瑞.计算机网络技术.3版.北京:高等教育出版社,2012.

[4]刘瑞林.计算机网络技术与应用.杭州:浙江大学出版社,2012.

[5]王利君.计算机网络技术.北京:科学出版社,2015.